THE PROFESSIONAL'S ILLUSTRATED GUIDE TO

HAIRCARE & HAIRSTYLES

| 옮긴이 약력 |

김세욱 교수
동덕여자대학교 패션전문대학원 의상학 박사 졸업
영국 런던 VIDAL SASSON ACADEMY 졸업
Toni & Guy Classic, Advanced cutting course 수료
영국 국가공인 자격증(N.V.Q)
국가공인 자격증(미용사) 출제위원
전)동우대학 피부미용과 교수
현)한국미용보건학회 편집이사
현)안산대학교 뷰티아트과 교수

유현주 교수
성신여자대학교 정치외교학과 졸업
일본 요시다아이 패션컬리지 졸업
원광대학교 한약전문대학원 보건학 석·박사 졸업
유현주 뷰티클럽원장 역임
현)대한미용교수협의회 회장
현)한국미용학회 상임이사
현)원광보건대학 미용피부관리과 교수

황정원 교수
고려대학교 인문대학 박사 수료
일본 폴라(POLA) 문화 연구소와 한·일 공동 프로젝트 수행
일본 후생성 인가 통신 교육 교재 참여
한국뷰티아트학회 부회장
MBC(삼척)특강및 아리랑 TV 자문
각종 미용대회 심사위원
미용관련 저서및 논문 다수
현)강릉영동대학 미용예술과 교수

HAIRCARE & HAIRSTYLES
2011년 5월 2일 초판인쇄 | 2011년 5월 9일 초판발행
옮긴이 김세욱 · 유현주 · 황정원 | **발행인** 석종환 | **발행처** 도서출판 예림
주소 서울특별시 성북구 안암동4가 28-1 경호빌딩 505호 | **전화** 02-921-6045~6 | **팩스** 02-921-4524
E-mail yaelim21c@hanmail.net | http://www.yelimbook.com
등록 2000년 5월 15일 | **등록번호** 제 1-2685
ISBN 978-89-6475-019-3 | 정가 38,000원

■ 잘못된 책은 교환해 드립니다.

THE PROFESSIONAL'S ILLUSTRATED GUIDE TO

헤어케어&스타일링

HAIRCARE & HAIRSTYLES

WITH 280 STYLE IDEAS AND STEP-BY-STEP TECHNIQUES

280개의 스타일을 연출하는 단계별 테크닉

옮긴이 김세욱 · 유현주 · 황정원

NICKY POPE

Photography by David Goldman

YELIM

CONTENTS

How to use this book 책사용법

헤어스타일로 자신을 어떻게 드러내고 또 어떤 느낌을 내는가는 매우 중요한 문제이다. 잘 손질된 머리이든, 캐주얼하게 길게 늘어뜨린 머리이든, 또는 손질하지 않은 머리일지라도 중요한 건 머리의 모양, 색깔, 머릿결, 스타일 등 모두가 여러분 각자의 개성의 한 부분임을 잊지 않는 것이다.

머리카락의 종류 또는 머리 본연의 색깔 및 머릿결은 유전적인 요인이 결정하지만 나머지는 자신에게 달려있다. 여러분만의 생활방식, 건강관리법, 그리고 머리 손질방식 등은 헤어스타일과 더불어 머릿결의 생동감 정도를 결정짓는데 있어서 큰 영향을 끼친다.

수 세기 동안 전 세계적으로 모든 여성들은 자신들의 헤어컬러에 변화를 주어왔는데 기본적으로 헤나와 같은 천연재료를 사용해 염색을 했다. 현대시대에 와서는 물론 천연재료를 사용한 염색 방법도 여전히 인기 있지만 주로 화학제품을 사용해 염색을 한다. 생머리를 퍼머넌트하거나 웨이브를 넣고 싶은 욕구, 또는 곱슬머리를 펴고자 하는 욕구는 어느 문화권에서나 널리 퍼져있었고 새로운 기술 및 미용 도구의 발전에 따라 헤어스타일이 사람의 모습을 완전히 변화시켜 놓을 수 있다는 사실은 더더욱 명백해졌다. 이는 정체성을 바꿔놓는 마술이라고도 할 수 있다. 그렇기에 많은 여성들이 헤어스타일을 바꾸고 그 모습을 유지하는데 많은 시간과 에너지를 투자한다는 점은 더 이상 놀라운 일이 아니다.

여성들이 욕실에서 머리를 감고 손질하는데 많은 시간을 할애하거나 컷, 염색, 퍼머넌트 등을 하기 위해 셀 수 없이 미용실에 방문하는 모습 등을 보면 헤어관련 사업이 그 어느 때보다 커졌다는 사실을 알 수 있다. 그러나 헤어에 관한 수많은 주의사항과 다양한 헤어제품, 넘쳐나는 매장의 도구들을 보고 있으면 최고의 스타일을 연출하기 위해 무엇을 해야 하는지 알기란 여간 쉬운 일이 아니다. 자신에게 어울리는 스타일인지 어떻게 알 수 있는가? 머리손질은 어떻게 해야 하며 또 좋은 상태를 계속 유지하려면 어떻게 해야 하는가?

그 답은 바로 여러분의 헤어 상태를 파악하고 잘 관리하는 비결을 배우는데 있다. 이 책은 앞으로 여러분이 헤어에 관해 알아야 할 모든 사항들, 기본 손질방법부터 스타일링 하는 방법까지 세세하게 설명하고 있다. 그러면 여러분들은 집 현관을 나가는 매 순간 자신의 환상적인 헤어스타일에 대해 자신감을 얻을 수 있다.

이 책은 건강한 머릿결에 대한 정보를 시작으로 여러분의 머릿결과 타입을 알 수 있도록 해주며 또한 단기간과 장기간에 걸쳐 헤어에 관한 문제들을 어떻게 잘 다루어 좋은 헤어 상태를 유지할 수 있는지에 대한 가이드라인을 제시했다. 또 각기 다른 머리종류의 구조를 살펴보고 식단과 생활습관, 다양한 머리 손질방법들의 영향에 대해 생각해봄으로써 여러분 자신만의 특별한 타입을 찾기 위해 무엇을 해야 하는지도 배울수 있다. 뿐만 아니라 자연적으로 발생하거나 또는 질병으로 인해 생기는 문제들을 해결할 수 있는데 이와 관련하여, 다양한 문제점들을 살펴보고 더불어 해결책 또한 설명하고 있다. 예쁘게 보이고 싶다면 유용한 머리 손질방법을 알아두는 것도 필수다. 이 책에서는 어떻게 좋은 습관을 기를 수 있는지, 손상된 머릿결은 어떻게 관리해야 하고 또 머리를 지속적으로 손질하는데 있어서 화학제품이나 자연제품은 어떻게 사용해야 하는지 등에 대해 자세하게 설명하였다.

◀ 머리도 하나의 자산이다. 빛나고 건강한 머릿결은 개성을 완성하는데 있어서 아주 중요한 부분이다.

이는 머리의 노화 및 스타일의 변화, 자외선, 바람, 열, 오염물질 등과 같은 외부요인이 여러분의 머리상태에 많은 영향을 미치기에 특히나 중요한 부분이다. 어떤 날씨에도 할 수 있는 올바른 머리 손질방법에 대한 가이드라인도 소개하였다. 성공적인 스타일링을 다루는 단원에서는 자신에게 맞는 미용실을 어떻게 잘 고를 수 있는지, 또한 그곳의 서비스의 수준부터 헤어디자이너의 조언을 어떻게 잘 이해할 수 있는지 등과 관련하여 여러 방법들을 살펴볼 것이다.

염색, 퍼머넌트, 스트레이트 등의 과정들 또한 자세히 살펴볼 것이며 집 또는 미용실에서 퍼머넌트를 잘 나오게 하기 위해 필요한 조언들도 수록되어 있다. 완벽한 스타일을 찾는데 도움을 줄만한 여러 사진들도 보여주겠다. 성공적인 스타일링은 자신과 어울리는 컷을 찾는데서 부터 시작되며, 동시에 쉽게 손질할 수 있는 컷이어야 한다. 이 책은 짧은 머리부터 중간 혹은 긴 머리, 생머리에서 곱슬머리까지 160개가 넘는 스타일을 선보이고 있으며 이러한 스타일들은 여러분에게 많은 아이디어를 제공해준다.

가장 멋진 스타일을 연출하기 위해서는 먼저 어떻게 잘 손질해야 하는지를 알아야 한다. 스타일링 도구들 및 기술들에 대해 다루는 단원에서는 스타일링에 관련된 유익한 정보들과 이를 마무리 할 제품들의 사용법과 사용 시기에 대해서도 상세히 다루고 있다. 어떤 행사에도 어울리는 완벽한 스타일링을 찾을 수 있으니 무엇을 어떻게 해야 할지 잘 몰라 패닉에 빠졌던 순간들은 모두 지우도록 해라.

그뿐 아니라 머리를 말리는데 기본적인 드라이기 사용방법과 로드, 밴드, 헤어 롤, 핀 등을 이용한 다양한 컬을 만드는 방법까지 스타일링에 필요한 기술들을 단계별로 상세히 설명해 놓은 사진들 또한 볼 수 있다. 또 포니테일, 염색된 붙임머리, 가발 등을 사용하여 머리를 고정시키는 법도 연습할 수 있다. 이러한 기초적인 손질방법에 대한 설명 후, 단계별로 찍어놓은 사진을 통해 스타일링을 완성하는 방법에 대해 설명해 놓았으니 여러분은 85개가 넘는 스타일링을 해 볼 수 있을 것이다. 이러한 스타일링은 캐주얼한 옷에 어울리는 스타일부터 일할 때 어울리는 스타일 및 파티나 특별한 행사, 예를 들어 레드카펫이나 결혼식과 같은 행사에 어울리는 스타일들을 손쉽게 할 수 있는 방법들을 찾을 수 있다. 이제 완벽한 헤어스타일을 찾는데 필요한 비결들을 알았으니 머리 스타일에 잘 어울리는 모자를 고르는 것이 왜 중요한지도 이해할 수 있을 것이다. 그래서 이 책에서는 머리스타일과 잘 어울리는 모자를 고르는 방법 및 자신만의 헤어 액세서리를 만드는 방법에 대해서도 설명한다. 꽃이나 리본, 클립, 스카프, 헤어밴드 등과 같은 액세서리는 머리 스타일을 부각시키기에 매우 유용하다. 따라서 깔끔한 마무리를 위한 액세서리 고정 방법에 대해서도 다루고 있다.

머리는 여러분의 건강한 마음을 보여주는 하나의 지표와 같다. 그러니 자신 안에서 최고의 스타일을 찾아내도록 하자. 어떻게 여러분의 머리를 사랑하고 잘 스타일링 할 수 있는지 배워 보도록 하자!

▲ 얼굴형과 드레스 스타일에 맞춰 액세서리와 모자, 장신구를 어떻게 균형 있게 사용해야 하는지 배워보자.

◀ 항상 모발의 상태를 건강하게 유지하고 싶다면 유용한 머리 손질법과 스타일링 방법을 배워 연습해 보자.

Healthy Hair

건강한 머릿결

아름답고 빛나는 머릿결은 여러분을 멋져보이게 할 뿐 아니라 기분도 좋게 만들어준다. 다양한 패션 액세서리가 될 수 있으며 기분에 맞춰서 자신의 스타일에 어울리도록 헤어컬러, 모양, 길이 등을 바꿀 수 있다. 건강한 머릿결을 지키기 위해선 햇빛, 바람, 에어컨, 온풍기 등에 장시간 노출되어 생긴 손상은 물론 그 밖에 어떤 외부적인 스트레스가 머릿결에 어떤 영향을 주는지 알아야만 한다. 균형잡힌 식단, 머리관리, 자신에게 어울리는 스타일을 찾는 것도 마찬가지로 중요한 요소들이다.

What is hair? 모발이란?

모발의 구조 및 형성 방식을 이해하면 더 건강한 모발을 만드는데 도움이 된다. 이런 지식으로 모발상태를 건강하게 만들고 여러가지 문제점도 찾아낼 수 있다.

사람의 모발은 주로 손톱에서도 발견되는 케라틴(keratin)이라고 하는 단백질로 이루어져 있다. 이 성분은 몸의 다른 부분에서도 발견되는 중금속 및 미네랄을 포함하고 있을 뿐 아니라 수분도 지니고 있다. 눈에 보이는 모발 부분, 즉 모간(shaft)이라 불리는 곳은 죽은 조직이다. 모발을 이루는 부분 중 살아있는 곳은 피부유두(dermal papilla)라고 부르는 뿌리부분밖에 없는데 이 부분은 모낭으로서 두피 바로 아래 움푹 파인 튜브 모양으로 생겼다.

피부유두(dermal papilla) 부분은 피부 혈관에서 자라는 세포로 구성되어 있다.

모발은 세 개의 층으로 이루어져 있다. 가장 바깥층은 큐티클(cuticle)로서 모발의 방패막 역할을 하며 여러 개의 작은 층들이 덮여있는데 지붕 위의 기왓장과도 같다. 큐티클 부분의 층들이 납작하고 가지런하게 덮여있으면 머리는 한층 부드럽고 빛나 보인다. 이 큐티클 부분이 물리적으로든, 화학적으로든 손상을 입게 되면 머리는 지저분해 보이고 또 쉽게 엉킨다. 큐티클 아래 피질(cortex)이라는 부분은 섬유질과 같은 세포로 구성되어 있는데 이 부분은 머리의 탄력을 좌우한다. 이 피질 부분은 또한 멜라닌(melanin) 색소도 포함하고 있는데 이 부분에 의해 머리의 색이 결정된다.

모발 중심부에는 수질(medulla)이 있다. 부드러운 케라틴 세포로 구성되어 있고 공간이 있다. 이 수질의 기능은 정확히 알려져 있지는 않지만 영양소나 다른 물질들을 큐티클, 또는 피질 부분으로 이동시켜주는 역할을 할 것이다. 이러한 설명들은 왜 머리가 건강상태에 따라 쉽게 영향을 받는지 알려준다.

왜 머리에서 윤기가 흐르는가?

머리에서 윤기가 흐르는 이유는 바로 피지(sebum) 때문이다. 이 피지는 감염을 막아주는 자연 방부제와 같은 것으로서 왁스와 지방으로 이루어진 기름이다. 피지는 두피에 있는 피지 샘(sebaceous glands)에서 분비된다. 이 피지 샘은 모낭과 연결되어 피지를 분비한다. 피지는 윤활유처럼 모간 전체를 코팅해서 잘 보호해주며 큐티클을 부드럽게 해주고 모발이 수분과 탄력성을 잃지 않도록 도와준다.

큐티클의 표면이 부드러울수록, 머리로부터 많은 빛이 반사될수록 머리의 윤기정도는 더 높아진다. 곱슬머리의 큐티클 부분이 부드럽지 않기에 생머리보다 곱슬머리가 덜 빛나 보인다. 왕성한 호르몬 활동이나 피지 샘에서 너무 많은 피지가 분비될 때 머리는 더욱 많은 기름을 생성한다. 반대로 피지가 적게 분비되면 머리는 건조해진다.

모발의 성장 사이클

모발은 다음과 같은 세 단계에 걸쳐 자란다. 첫째, 성장기 단계(anagen phase)인데 이 단계에서 모발은 왕성하게 자라며 2~4년 정도 지속된다. 둘째, 퇴화기 단계(catagen) 또는 변화기로서 머리는 더 이상 자라지 않지만 90~120일 정도 모간에서 세포활동은 계속 이루어진다. 셋째, 휴지기(telogen), 또는 휴면 단계에서는 모발의 성장이 완전히 멈추게 된다. 이 휴지기 동안에는 더 이상 모발이 자라지도 않고 모간에서 세포활동도 이루어지지 않아 새로운 모발이 자랄 때 빠져서 새로운 단계가 다시 시작된다.

사람의 모발 중 93%는 성장기 단계에, 1%는 퇴화기 단계에, 그리고 6%는 휴지기 단계에 있다. 다른 몸과 마찬가지로 두피도 호르몬 활동에 반응을 하는데, 보통 24~25번 정도 성장단계를 반복한다.

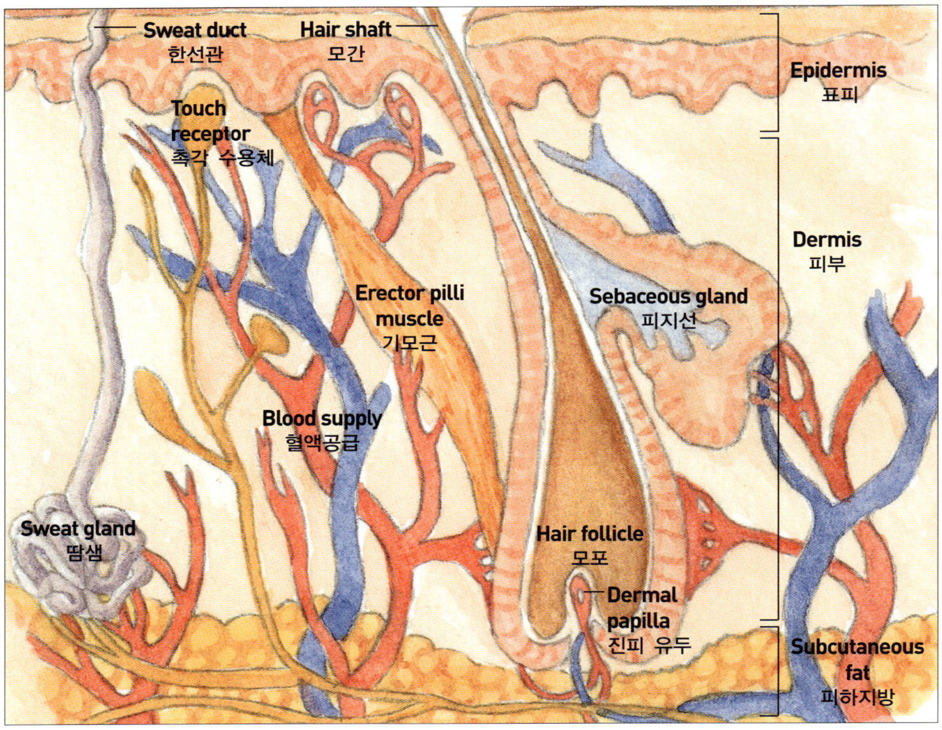

◀ 피부의 조직은 많은 구성요소를 포함하고 있어 매우 복잡한데, 모낭, 피질, 피지선 등을 포함하고 있다.

Did you know?

- 머리는 한 달에 1.5cm씩 자란다.
- 머리 한 가닥은 약 7년 정도 지속된다.
- 만약 머리를 한 번도 자르지 않는다면 머리는 빠지기 전까지 약 107.42cm 정도 자란다.
- 여성의 모발 양은 남성의 모발 양보다 많다.
- 머리는 계절 중 여름, 하루 중 잠잘 때 더 빨리 자란다.
- 머리는 16살에서 24살 사이에 가장 빨리 자란다.
- 40~50대 사이의 여성은 전체 모발 양의 20%가 감소한다.
- 머리는 나이가 들수록 건조해진다.

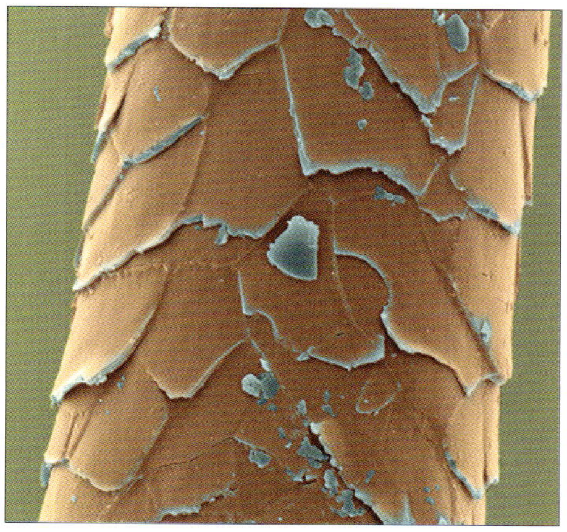

▲ 모발의 큐티클은 여러 층으로 겹쳐져 있는데 이 층들이 가깝고 납작하게 겹쳐있어야 머리의 윤기가 더 흐를 수 있다. 이 사진은 거친 모발의 사진으로서 머리가 건조하고 윤기가 흐르지 않는다.

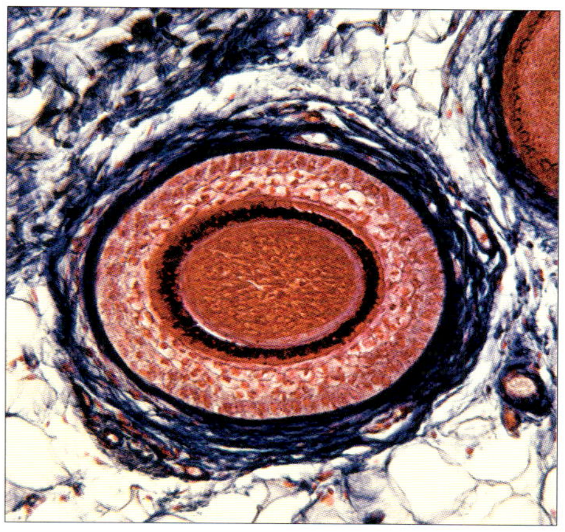

▲ 모발의 중심부, 수질은 부드러운 케라틴으로 구성되어 있다. 수질을 감싸고 있는 부분이 큐티클로서 머리의 탄력성을 좌우한다.

식단의 중요성

다른 몸과 마찬가지로 건강과 모발의 상태는 성장과 건강에 도움이 되는 필수 영양소로 이루어진 건강 식단을 지속적으로 섭취하는지, 안 하는지에 달려있다. 활발한 혈액순환을 통해 산소와 영양소가 머리뿌리까지 전달되도록 해주는 정기적인 운동도 중요하다.

잘못된 식습관 및 부족한 운동은 곧 모발의 상태에 영향을 미친다. 잠깐 아프고 병에 걸린 시기에는 모발이 힘없고 윤기 없는 상태가 되어 버린다.

모발상태를 좋게 해주는 다양한 제품들이 많더라도 야채나 과일 같은 싱싱한 재료들로 이루어진 균형잡힌 식사를 한다면 모발의 상태를 건강하게 하는 비타민 보충제와 같은 보조 식품들은 먹을 필요가 없다. 많은 양의 물(하루에 6~8잔), 허브 차 또는 달지 않은 과일 주스를 많이 마셔도 모발상태를 건강하게 만드는데 많은 도움이 된다.

▼ 정기적인 운동과 머리 손질은 모발의 건강을 지켜준다.

Tips for healthy hair

- 차와 커피는 될 수 있으면 줄이도록 한다. 차와 커피는 신경계, 호흡계, 심혈관계를 강하게 자극함으로써 물과 중요한 영양성분의 배출을 증가시킨다. 모발의 건강에 중대한 영향을 미치는 미네랄의 섭취도 방해한다.
- 알코올은 혈관을 팽창시켜 피가 두피 및 각 조직으로 빠르게 흘러들어 가도록 도와준다. 그러나 알코올은 모발 건강에 필수적인 미네랄과 비타민은 수용하지 않기에 적당히 마시는 것이 좋다.
- 정기적인 운동은 모발의 성장 단계를 활발히 함으로써 건강한 피가 모든 세포에 공급되어 보호하고 다시 자라게 하거나 회복될 수 있도록 도와준다.
- 어떤 약이든 잠재적으로 모발의 상태에 영향을 미칠 수 있다. 만약 머리가 많이 빠지거나 얇아지는 등 모발의 상태가 급격히 나빠진다면 가능한 한 빨리 의사와 상담해보자.

The ages of hair 모발의 노화

우리의 다른 신체 부위도 노화가 이루어지듯이 우리의 모발도 그러하다. 이는 모발의 생성 및 머릿결, 종류, 모발 양에 영향을 미친다. 따라서 모발의 노화와 단계에 따른 적절한 머리 손질방법을 잘 적용해야 한다.

유아 및 어린이

유아 모발의 특징은 수정되는 순간부터 결정된다. 임신 16주 정도가 되면 태아는 솜털로 덮이는데 이 솜털 같은 털들은 보통 태어날 때쯤 혹은 그 전에 없어진다. 보통 임신 20주 정도가 되면 아이 머리에 모발이 처음 생기는데 이때 색소, 멜라닌이 생겨 모발의 색을 결정한다.

아이가 태어나고 나서 몇 주가 지나면 아이 몸에 있던 머리카락은 빠지거나 문지르면 없어진다. 처음 지니고 있던 솜털 같은 머리카락과는 꽤 다른 머리카락이 자라는데, 아이가 6개월 정도 되면 처음에 금발이었던 곱슬머리는 없어지고 곧고 짙은 머리카락이 자라난다.

이때 아이의 머리 정수리 부분이 두꺼워지고 두피가 노랗게 되는 유아지방관(cradle cap)과 같은 피부질환이 잘 생긴다.

이는 피부세포의 생성으로 나타나는 자연스러운 현상으로 잠자기 전에 아기 오일을 두피에 바르고 아침에 씻어주면 된다. 이러한 과정을 며칠 반복 하다보면 서서히 없어진다.

아이의 모발은 대개 완벽한 상태이고 최고의 컷이며 심플하게 스타일링 되어 있다. 사춘기가 되면 이 모든 상태들은 변하게 되는데 호르몬의 변화 때문에 많은 청소년들의 머리 혹은 피부에 기름이 많아지게 된다.

노화

나이가 들수록 우리 모발의 상태도 변하게 되는데 30~40대 정도가 되면 몇몇 노화된 머리카락은 멜라닌이 없어져서 색을 잃는다. 멜라닌의 생성은 유전적인 요인이 결정한다. 부모의 머리카락이 색을 잃어 하얗게 되는 나이 때쯤 본인의 머리도 하얗게 될 것이다.

멜라닌은 머리카락의 색을 만드는 동시에 모발을 부드럽게 하고 유연하게 만든다. 이 때문에 흰머리가 뻣뻣하고 거칠어진다. 노화로 인해 모발은 탄력을 잃으며 피지를 덜 분비하게 되서 더욱 거칠어진다.

이러한 머릿결의 변화 때문에 공기 중의 연기나 먼지가 잘 붙는 경향이 있다. 따라서 곧 머리는 희어지고 지저분하게 보인다. 칼슘을 함유한 물의 미네랄은 흰머리가 녹색 빛이 돌도록 해준다. 킬레이트(chelate)를 포함한 정제된 샴푸 또한 모발의 상태를 향상시키는데 도움이 된다.

노화에 따른 건조한 모발은 정기적으로 샴푸와 린스로 머리를 감아주도록 하자. 특히 매주 트리트먼트를 집중적으로 해주면 모발의 수분을 잘 유지하는데 많은 도움이 된다.

▲ 갓 태어난 아이의 모발 양과 모발의 종류가 반드시 아이 모발의 결정된 상태를 보여주는 것은 아니다.

▶ 흰머리는 모발의 수분과 윤기 및 탄력성을 다시 되찾기 위해 특별한 관리가 필요하다.

▲ 나이는 신경 쓰지 말고 당신의 헤어를 즐겨라. 당신 몸의 변화를 이해하고, 그 틀에 맞춘 머리손질에 익숙해져라. 만족스럽지 않다면, 의사에게서 조언을 얻는 것도 좋다.

임신 및 출산 후의 모발

임신 중 많은 여성들은 자신의 모발이 최고로 아름다워 보인다. 이는 호르몬의 변화로 인해 머리가 빠지는 것을 막아서 모발 양이 많아지기 때문이다. 임신한 여성은 또한 혈액순환이 보통때 보다 활발해지므로 두피에 영양소를 더 잘 운반해서 모발이 더욱 건강해진다. 그러나 아이를 출산하거나 모유수유를 하고나면 두껍고 윤기가 흐르던 머리카락들은 곧, 급속도로 빠진다. 이렇게 대량으로 빠지는 머리카락들로 인해 자연적으로 생성되는 모발의 시기도 늦추어져 분만 후 탈모(post-partum alopecia) 상태에 놓이게 된다.

임신 혹은 모유수유 중 나타날 수 있는 더 큰 문제는 모발의 단백질 양이 현저히 줄어서 건조해지고 부서지게 된다. 이를 방지하기 위해서는 반드시 트리트먼트를 자주 해 주어야 한다. 몇몇 여성들의 경우 임신이 모발타입에 영향을 줄 수도 있는데 간혹 곱슬머리가 생머리가 되기도 하고 생머리가 곱슬머리가 되기도 한다. 간혹 아이를 출산한 후 다시 되돌아오기도 한다.

임신 중 머리를 퍼머넌트하는 것이 좋지 않다는 시각도 있는데 그 이유는 이 때 모발이 변화되는 상태이기에 그 결과가 예상치 못할 수도 있기 때문이다. 그러나 염색은 모발을 더욱 생기있게 보이도록 해준다.

갱년기 및 그 이후

갱년기 때 많은 여성들은 탈모나 머리카락이 얇아지는 경험을 한다. 이는 호르몬의 균형이 맞지 않는 것 뿐이기에 (임산 때와 같이) 대개 단기적이다. 마찬가지로 감정적 혹은 육체적인 스트레스, 질병, 약 (호르몬 대체 요법 포함), 갑상선문제 또한 탈모의 원인이 될 수도 있는데 그 시기는 유전적으로 비슷한 시기에 나타난다.

폐경기 이후 호르몬의 수치가 안정되면서 머리카락이 얇아지는 현상이 멈추게 되는데 몇몇 여성들의 경우 모발이 다시 자라거나 두꺼워지기도 한다.

머리카락의 얇아지는 현상을 막기 위해 다음과 같은 방법들이 있다.

- 머리를 짧게 자르고 층을 낸 뒤 풍성함을 더해준다.
- 모발이 건조할 때는 모발이 자라는 반대방향으로 드라이를 하고 다른 방향으로 머리를 빗는다. 머리의 뿌리를 들어주기에 더 풍성하게 보이도록 해준다.
- 꼬리 빗은 머리를 엉키게 하여 빠지게 하므로 사용하지 않도록 한다. 동시에 부드러운 빗을 사용하여 머리를 부드럽게 빗어주자.
- 머리에 볼륨을 더해주는 무스를 사용하여 손질하자.
- 사용하는 샴푸 종류를 매달 바꿔주도록 하자.

Hair colour and texture 헤어컬러 및 머릿결

진한 적갈색 머리부터 아주 밝은 금발, 타오르는 것 같은 빨간 머리, 매력적인 검은 머리까지, 이러한 헤어컬러는 여러분의 외모를 부각해주는 아주 중요한 요소이다. 무엇 때문에 달라 보이는 걸까? 여기에 왜 그토록 다양한 스타일들이 있는지를 알려주는 가이드라인이 있다.

머리의 색은 어떻게 결정되는가?

헤어컬러는 피부색깔과 가장 밀접하게 연관되어 있으며 둘 다 색소, 멜라닌의 종류에 따라 결정 된다. 모발의 큐티클에 있는 멜라닌알갱이의 수 및 모양에 따라 머리의 색이 결정된다.

대부분의 경우 멜라닌의 모양은 가늘고 긴 모양이다. 이렇게 가늘고 긴 멜라닌이 큐티클에 많은 사람은 검은 머리, 조금 적으면 갈색, 그 수가 많이 적으면 금발이 된다. 몇몇의 경우 멜라닌의 모양이 원이거나 타원인 경우가 있는데 이런 경우 머리 색은 빨간색이 된다. 일부 가늘고 긴 멜라닌의 모양과 원 또는 타원으로 생긴 멜라닌이 합쳐지면 머리는 굉장히 풍성해 보이고 적갈색 머리가 된다. 가늘고 긴 모양의 멜라닌이 더 많으면 검정 헤어컬러가 붉은 색을 뒤덮을 것이나 순수 검정색의 머리와는 다르다.

머리색은 나이가 들면서 더 짙어지지만 색소가 형성되는 단계에서는 그 속도는 좀 더 느려진다. 멜라닌의 양이 감소함에 따라 흰머리가 나기 시작한다. 점차적으로 멜라닌의 생성이 멈추면서 머리는 색을 잃어버리게 되고 곧 회색 또는 흰머리가 된다. 백화병의 경우처럼 태어날 때 멜라닌이 부족하면 머리카락은 하얗다.

▼ 머리 본연의 색은 머릿결에 영향을 미친다. 금발(아래 왼쪽)이 가장 가늘고, 적갈색(아래) 모발은 조금 더 두꺼우며, 빨간 색의 모발(맨 아래)이 가장 두껍다.

▲ 동양인의 머리는 검은 생머리에 두껍고 다른 타입의 모발보다 굵다.

▲ 아프리카인의 머리는 단단한 곱슬머리며 짙은 갈색이다.

▲ 백인의 머리는 생머리부터 곱슬머리까지 다양하며 색도 짙은 갈색에서 금발까지 다양하다.

머릿결(hair texture)

머리 본연의 색은 머릿결에 영향을 미치는데 이는 각 모발의 지름이 결정한다. 천연 금발머리는 갈색보다는 더 얇고, 빨간 머리는 가장 두꺼운 모발을 가지고 있다.

일반적으로 모발의 두께는 세 개의 카테고리로 나뉘는데 얇은 모발, 중간크기의 모발, 두껍고 굵은 모발이다. 각 두께의 모발은 몇 가지 특징을 지닌다.

- **얇은 모발** : 강하거나 또는 약할 수 있다. 그러나 이러한 머릿결로 인해 모든 가는 머리는 같은 특성을 지니고 있는데 바로 볼륨감이 없다는 점이다.
- **중간 크기의 모발** : 아주 두껍지도 않고 아주 얇지도 않으며 강하고 탄력이 있다.
- **두껍고 굵은 모발** : 풍성하고 무게감이 있으며 두피 아래쪽과 바깥쪽으로 자라는 경향이 있다. 종종 탄력을 잃어 곱슬머리가 되기도 한다.

하나의 머리는 여러 다른 종류의 머릿결로 구성될 수 있다. 예를 들어 관자놀이, 이마, 뒤쪽 머리카락은 얇은 반면 머리 중심부는 곱슬인 경우도 있다.

인종 또한 머릿결에 영향을 미친다. 백인은 보통 생머리부터 곱슬머리까지 다양하지만 모발색은 밝은 금발부터 밝은 갈색 범위 내에 있다. 아프리카 사람들은 단단한 곱슬머리에 짙은 갈색이고 동양인들의 머리는 생머리이며 두껍고 굵은 검정 머리이다. 혼혈인들의 머리색은 뒤섞일 수 있다.

생머리, 곱슬머리?

머리가 곱슬인가, 웨이브 머리인가, 아니면 생머리인가는 두 가지 요소에 달려있다.

Did you know?

- 건강한 모발은 굉장히 탄력성이 강하고 끊어지기 전까지 20~30%정도까지 늘어날 수 있다.
- 중국 서커스단의 곡예사는 머리카락을 걸어놓은 채 공연을 하기도 한다.
- 사람의 모발은 같은 굵기의 구리, 철사보다 더 단단하다.
- 사람의 전체 머리카락을 묶어 놓으면 99명의 무게까지 지탱할 수 있다.
- 하루에 100개의 머리카락이 빠지지만 평균 100,000에서 140,000개의 머리카락이 자라므로 아무 문제없다.

첫째는 모낭에서 머리카락이 자라는 모양이고 둘째는 머리뿌리에서 케라틴을 생성하는 세포의 분배이다.

모든 모발은 꼬아진 상태에서 자라며 (생머리인 경우도 마찬가지로) 그 꼬인 숫자가 머리의 곱슬 정도를 결정한다. 예를 들어, 아프리카인들의 모발의 꼬임정도는 백인보다 12배 정도 더 꼬아져 있다.

모낭에 있는 유두부분에 따라 머리가 생머리가 될지 곱슬머리가 될지 결정된다. 케라틴 세포의 분배가 동일하면 머리는 생머리가 되지만 곱슬머리는 이 케라틴 세포의 분배 수가 같지 않기 때문이다.

따라서 타원형의 모낭에서만 케라틴 세포가 더 많이 생성되어 모발은 비스듬히 자라게 된다. 게다가 과도한 세포의 생성으로 인해 한쪽에서 머리가 먼저 자라고 다른 쪽에서 나중에 다른 방향으로 자라서 그 결과 곱슬머리가 된다.

Define your hair type 모발 종류

모발은 모발의 수분 정도, 피지 분비의 양과 같은 자연조건에 의해 결정되기도 하지만 어떻게 머리를 관리하느냐에 따라 달라지기도 한다. 퍼머넌트, 염색, 열을 가한 스타일링은 머리에 영향을 미치므로 올바른 제품을 사용해야 한다.

자신의 모발이 건조한지, 부드러운지 또는 기름기가 많은지 등, 모발의 타입을 알았다면 이제 각 타입과 관련하여 어떻게 관리하는가를 잘 알아보아 각 모발에 맞는 제품을 쓰도록 해야 한다.

보통 모발

보통 모발은 기름기가 많지도 않고 그렇다고 아주 건조하지도 않은 모발의 상태를 의미하며 자연스러운 상태 그대로 유지된다. 이 모발의 타입은 스타일이 잘 유지되며 어떤 스타일을 해도 예뻐 보인다.

【머리관리】 화학제품을 사용하여 손상되지 않은 모발은 가끔씩 트리트먼트만 해주면 된다. 강하지 않은 샴푸를 쓰거나 샴푸와 린스가 함께 포함되어 있는 제품을 써도 좋다. 이때 샴푸에서 나오는 비누 거품은 젖은 머리 사이로 스며들어 먼지와 기름, 스타일링 할 때 썼던 제품들을 제거하고 린스는 거품 상태로 남게 된다. 깨끗한 물로 헹굴 때 기름과 먼지는 샴푸와 함께 씻겨 나가고 린스에서 생긴 작은 방울들은 모발에 남아 머리에 윤기가 흐르도록 해주고 또 관리하기 쉽게 만든다.

건성 모발

건조한 타입의 모발은 매우 힘없어 보일뿐 아니라 건조하게 느껴지고 또 쉽게 엉켜 특히 젖어있는 상태에서 빗질하기가 쉽지 않다. 이는 단순히 충분한 수분이 없어서 그러는 것이 아니라 피지가 충분히 생성되지 않거나 또는 모발이 노화가 되면서 두피의 피부 층이 더 열리기 때문일 수도 있다. 이러한 경우 피질 부분의 습기가 과도한 샴푸, 열을 사용하는 스타일링 도구의 지나친 사용, 염색, 퍼머넌트의 잘못된 사용, 거친 날씨나 자외선으로 인한 손상 등에 노출되면서 없어지기 쉽다. 피질 부분이 거칠어진다는 뜻은 모발의 윤기가 없어지고, 피질이 손상됨으로써 머리카락이 쉽게 끊어지기 쉽다는 의미이다.

【머리관리】 이미 손상된 모발은 스스로 회복될 수 없지만 더 손상되는 것을 막을 수는 있다. 예를 들어 머리가 건조해지거나 탄력성을 잃는다면 영양샴푸와 린스를 집중적으로 사용해 주자. 가능한 한 머리는 자연스럽게 말리도록 하고 드라이기나 전기 스타일링 도구들의 사용을 줄여나가는 것이 좋다. 건조한 환경 또는 자외선에 노출되는 기회를 줄이도록 한다.

▼ 뿌리부분의 모발은 새로 난 머리카락이므로 많은 린스가 필요하지는 않다. 그러니 모발 중간부터 끝 부분까지만 린스를 묻힐 수 있도록 해야 한다.

▼ 과도한 헤어제품으로 모발에 남은 약품은 정제된 클렌저를 사용하여 머리의 생동감을 살리도록 한다.

▼ 곱슬머리는 수분이 들어간 헤어제품을 사용해 주지 않으면 건조하고 쉽게 끊어질 수 있다.

▲◀ 잘 관리 받은 모발은 부드럽고 엉킨 곳이 없기 때문에 잘 빗겨진다.
▲▶ 대부분의 모발은 복합성인기 때문에 필요한 부분에만 알맞은 제품을 사용하도록 해야 한다.

지성 모발

종종 십대들의 모발이 기름기가 많을 수 있는데, 기름기가 많은 모발은 자주 감아주어야 한다. 이는 유전적 요인, 호르몬의 불균형, 스트레스, 습도가 높은 환경, 과도한 빗질, 머리를 계속 만지는 것, 땀 등에 의한 과도한 피지의 생성으로 인한 것이기에 머리를 감고 나서도 여전히 기름기가 많아 짧은 시간 내에 머리를 손질하기란 쉽지 않다.

【머리관리】 부드럽고 강하지 않은 샴푸를 써서 볼륨감을 더할 수 있도록 한다. 가벼운 퍼머넌트를 해도 도움이 되는데 이는 뿌리부분이 들려져 피지의 분비를 막아줄 수 있기 때문이다. 식단을 다시 짜는 것도 좋은 방법이 될 수 있는데 유제품 또는 기름기가 많은 음식은 먹지 않도록 하자. 대신 싱싱한 음식을 많이 먹고 하루에 6~8잔 정도의 물을 마셔주면 좋다.

Did you know?

머릿결 상태를 확인하고 싶을 때 손가락을 뿌리부터 머리끝까지 쓸어내려보면 알 수 있다. 얇은 모발은 지름이 작아 부드러운 느낌이 난다. 그러나 굵은 머리카락은 지름이 크고 큐티클이 들려있기 때문에 만질 때 좀 더 거친 느낌이 난다. 이는 자신의 모발상태에 알맞은 관리 방법과 스타일링 제품을 찾는데 있어서 매우 중요한 부분이다.

복합성 모발

복합성 모발은 뿌리부분은 기름지지만 건조한 모발로서 가끔 끝이 잘 갈라지기도 한다. 곱슬기가 없고 납작할 뿐만 아니라 힘이 없어 보이고 날아갈 것 같이 보이기도 한다. 그 원인은 화학제품을 사용한 트리트먼트의 거부반응, 세정제가 들어간 샴푸의 과도한 사용, 햇빛에 노출되는 것, 열을 사용한 스타일링 기구를 지나치게 많이 사용한 것 등이 있다. 이러한 남용이 계속 될 때 뿌리부분에서 피지가 자꾸 생성되고 두피부분에 부분적으로 변화가 생기면서 큐티클을 더 이상 보호해주지 못해 머리끝이 건조해진다.

【머리관리】 많은 헤어 관련 제품을 사용해 본인에게 맞는 제품을 고르도록 한다. 그러나 이는 어디까지나 지나치지 않은 정도에서 해야한다. 지성 혹은 건성 모발을 위해 만들어진 제품을 너무 많이 사용해도 문제가 생길 수 있다. 가장 이상적인 것은 복합성 모발을 위해 만들어진 제품이지만 여건이 안된다면 지성 모발을 위한 샴푸를 사용하도록 하고 린스는 수분이 가장 필요한 머리카락의 끝부터 중간 부분까지만 묻혀 헹구어 내도록 한다.

흰머리

흰머리가 되는 것은 주로 노화 때문이지만 늘 그렇지는 않다. 멜라닌의 양이 줄어들면 머리색이 없어진다. 흰머리는 보통 색이 섞이기도 하며 또는 완전히 색이 없어지기도 하는데(흰색은 색이 완전히 없어진 경우이다) 보통 새로 나는 머리카락보다 더 굵은 경향이 있다.

【머리관리】 흰머리는 오염물질이 흡수되어 노랗게 보일 수도 있다. 그러므로 흰머리를 위해 특별히 만들어진 제품을 사용하여 환경으로부터 잘 보호될 수 있도록 해야 한다.

Common problems 일반적인 문제점

자연적으로 생겼든 우리가 만들어 내었든, 모발과 두피에 관련된 많은 문제들은 비교적 쉽게 느낄 수 있다. 그러나 원인과 적절한 조언을 찾기란 쉽지 않다.

손상된 모발

많은 사람들은 손상된 모발로 인해 고민하는데, 모발에 힘이 없거나 생동감이 없고 윤기가 흐르지 않아 관리하기 힘들어 한다. 많은 경우, 환경적인 요소, 즉 바람, 햇빛, 모래, 바닷물, 염소(chlorine), 에어컨, 온풍기 등에 의해서 손상되기도 하지만 과도한 드라이기의 사용, 머리를 펼 때나 웨이브를 넣을 때 사용하는 고데기 때문이기도 하다.

외부적인 스트레스에 노출이 되지 않더라도 빗, 핀, 보비 핀, 고무줄 등과 같은 스타일링 제품들의 잘못된 사용으로 머리의 큐티클 부분은 손상을 입을 수 있으며 이로 인해 푸석해 보이거나 윤기가 없어질 수도 있다. 그러므로 항상 머리를 손질할 때 과도하지 않게 해야 하며 단순히 포니테일로 묶어줄 때도 너무 심하게 당겨 묶는 것은 피해야 한다.

화학제품의 사용은 모발의 구조를 바꾸어 놓는데 염색을 하거나 퍼머넌트를 할 때 사용한다. 퍼머넌트를 하거나 머리를 펴줄 때 모발의 구조가 바뀌어 후에 다시 다른 구조를 이루게 된다. 이 과정에서 화학적 반응으로 변한 모발이 그렇지 않은 모발보다 더 많은 구멍을 이루기 때문에 좋은 세안제와 린스를 사용해야만 한다.

【머리관리】 손상을 막기 위해 가능한 수분과 함께 탄력성을 잃지 않도록 한다. 린스를 사용하는 것은 매우 효과적이며 손상의 정도에 따라 다양한 제품을 고르도록 한다.

축 처진 모발

얇은 머리카락일수록 축 처지기 쉽고 납작해 보이는 경향이 있어 스타일이 잘 유지되지 않아서 손질하기가 쉽지 않다. 얇은 모발을 지닌 머리는 유전적이긴 하지만 린스를 많이 사용하면 머리가 아래로 축 처질 수 있다. 스타일링 제품들을 많이 써도 같은 효과가 날 수 있다.

【머리관리】 이 문제를 해결하기 위해 머리를 자주 감되 순한 클렌저를 사용하도록 하고 린스는 조금만 사용한다. 볼륨감을 넣어주는 샴푸의 사용 또한 도움이 된다. 가벼운 퍼머넌트도 모발을 두껍게 보이도록 해주므로 유용하다. 염색도 마찬가지로 모간을 팽창시키기 때문에 얇은 머리카락이 좀 더 풍성해 보인다.

머리를 말릴 때에 뿌리부분에 집중적으로 헤어제품을 발라 볼륨을 넣어주고 머리끝은 위에서 아래로 뿌리 쪽을 향하여 만져준다. 롤러를 사용해 뿌리부분을 올려주어도 좋다 (머리가 길수록 롤러는 커야 한다).

힘없는 머리

날씨, 또는 과도한 헤어제품의 사용으로 인한 열과 소금, 염소, 실리카의 결합으로 모발의 윤기가 없어진다.

【머리관리】 머리를 깨끗이 감기 위해 정제된 샴푸를 사용한다. 머리끝을 다듬어 봐도 좋다. 모발에 다시 영양을 주고 윤기를 더해주기 위해 트리트먼트도 사용해보자.

정전기가 생기는 머리

정전기가 생기는 이유는 종종 건조한 환경에 노출되기 때문인데 특히 에어컨을 틀어놓은 방에 있거나 나일론 베개와 같은 합성물질과 모발이 접촉될 때 더욱 심해진다. 특히 정전기가 흩날리는 모발에 생길 때면 두 배로 지저분하게 보인다.

【머리관리】 머리를 왁스 젤 또는 스타일링 제품으로 머리를 고정하여 머리에 무게감을 더해준다.

▲ 헤어에 신경써라. 스트레스를 받은 헤어는 회복하려면 특별한 관심이 필요하다.

곱슬기가 있는 머리

머리의 수분이 잘 흡수되고 있는지 알 수 있는 가장 단순한 방법은 바로 머리의 곱슬기가 생기는지 아닌지를 보면 알 수 있다. 수분이 잘 흡수되지 않을 때 모발은 건조해 지고 윤기가 없어지며 또한 손질하기 어렵다. 곱슬기는 유전되거나 때로는 지나친 트리트먼트로 인해 생기기도 한다.

【머리관리】 마사지용 샴푸를 뿌리 쪽으로 발라주고 모발 끝까지 손으로 잘 빗어준다. 머리의 중간부터 끝까지 린스를 발라주거나 아예 샴푸에 포함되어 있는 제품을 사용하도록 한다.

그 밖에 머리를 자연바람에 말린 다음 왁스, 포마드(pomade)를 바른다. 유분 또는 세럼(serum)을 함유한 젤도 도움이 된다. 또한 두피층을 얇은 투명 막으로 감싸주어 모간을 부드럽게 해주는 실리콘 제품도 있다. 세럼(serum)은 수분의 손실을 막아줄 뿐 아니라 공기 중으로 수분이 흡수되는 현상도 막아준다.

엉킨 곱슬머리

천연 곱슬머리이거나, 퍼머넌트를 했든, 고데기로 잠시 컬을 넣었든 곱슬머리가 엉켜버리면 손질하기가 매우 힘들다.

【머리관리】 스타일링 하거나 머리가 마르기 전에 로션을 발라서 컬이 풀리지 않도록 한다. 퍼머넌트 전용 스프레이를 뿌려주면 컬에 무게감을 더해서 컬이 잘 유지될 수 있다.

손질하기 전의 머리

머리를 고정하지 않으면 모발의 무게 때문에 모양이 흐트러질 수 있다.

【머리관리】 손질하기 힘든 머리는 말리기 전 무스나 스프레이를 먼저 발라주고 난 후 80%정도 말려준다. 그 뒤 원하는 스타일대로 머리를 고정하되 다음 단계로 넘어가기 전 반드시 충분히 말려주도록 하자.

헤어 약품 축적

헤어제품이나 린스가 포함된 샴푸는 머리 모간에 종종 남게 된다. 이러한 잔여물들이 물속의 미네랄과 결합할 때 머리에 계속 남는데 이렇게 되면 머리가 깨끗이 씻기지 않고 또 린스도 효과가 없다. 그 결과 머리는 힘이 없어지고 윤기가 사라지며 퍼머넌트나 염색을 하면 잘 나오지 않게 된다. 모간에서 잔여물들이 화학제품의 반응을 막아버리기 때문이다. 염색은 군데군데 색이 잘 안 나올 수도 있고 퍼머넌트는 컬의 크기가 일정하지 않을 수도 있다.

【머리관리】 킬레이트가 함유된 샴푸 또는 정제된 샴푸는 헤어제품의 잔여물을 제거하기 위해 만들어져서 사용하면 효과를 볼 수 있다. 이것은 퍼머넌트, 염색을 하는 과정에 영향을 미치기 때문에 퍼머넌트나 염색보다 더 중요할 수 있다.

탈색된 머리

수영장에 사용되는 염소에서 볼 수 있는 파란색 염색제에 머리가 노출되면 머리가 탈색 되거나 녹색으로 염색될 수 있다. 모간에 흡수된 염색제로 인해 머리 부분 부분이 염색이 된다.

【머리관리】 독소를 없애주는 샴푸를 사용하거나 토마토 주스, 또는 케첩으로 머리를 감으면 빨간색이 염색된 녹색을 자연스럽게 만들어 주는 효과가 있다.

하지만 문제가 계속 지속되면 미용실에 가보는 것이 좋다. 수영 선수들은 특별한 샴푸를 쓰거나 수영 모자를 쓴다.

▼ 강한 무스나 젤 스프레이를 머리를 말리기 전에 뿌려주면 엉킨 머리를 잘 손질 할 수 있다.

▼ 수영모자는 염소에 의해 머리가 탈색되는 것을 방지해 준다.

▲ 헤어제품이 스타일링 하는데 도움이 되긴 하지만 두피에 축적될 수 있다.

헤어드라이기의 잘못된 사용

가렵거나 너무 단단한 두피는 모발 관리의 필요성을 알려주는 신호와 같다. 때때로 너무 많은 열을 가해 두피가 가려운 경우도 있다.

【머리관리】 머리를 감을 때 미지근한 물을 사용하도록 한다. 헤어 드라이기는 머리에서 멀리 떨어뜨려 사용하도록 하고(15~6cm정도가 이상적이다) 열을 가하기 전에는 열로부터 보호해주는 스프레이를 뿌린다. 그러면 모발도 보호가 되고 두피가 손상되는 것도 막을 수 있다. 머리 손질할 때 사용하는 제품은 조금 약한 제품으로 바꿔보아도 좋다. 또 밤낮으로 두피에 사용할 수 있는 세럼 제품도 알아보도록 하되 문제가 지속되면 다른 더 나은 방법을 찾아보도록 한다.

시간이 부족할 때 빨리 머리 손질하기

- 머리를 감을 시간이 없다면 축 처진 모발에 볼륨을 넣어주면 좋다. 머리를 말릴 때 사용하는 스프레이를 뿌리 쪽으로 뿌리고 머리를 말리되 뿌리부분을 중심으로 말린다.
- 컬이 들어간 머리는 물을 다시 뿌리고 손가락으로 머리를 꼬아준다.
- 눌린 머리는 손가락으로 위에서 아래로 빗고 헤어스프레이를 뿌리 쪽에 뿌리되 너무 많이 뿌리면 머리가 끈적거릴 수 있으니 주의해야 한다.
- 핀으로 고정한 머리는 뿌리 쪽에 살짝 백콤(backcomb)을 해준다.

모발종렬증 (trichoptilosis, 모발 끝이 갈라지는 것)

머리카락 끝이 갈라지는 현상은 모발의 상태가 점점 악화되어 간다는 신호이다.

【머리관리】 모발에 유분을 제공하여 건조한 머리카락 끝을 다시 부드럽게 해 주어야 한다. 이미 갈라진 끝은 다시 되돌아오지 않지만 트리트먼트를 해주면 잠시 단정해 보일 수는 있다. 갈라진 부분은 잘라내자.

다모증(hypertrichosis)

원래 솜털만 나야 할 부위에 털이 자라거나 너무 과다하게 머리숱이 많아질 때 다모증이라 한다.

【머리관리】 원치 않는 머리는 미용실이나 클리닉, 또는 집에서 족집게, 제모 약품, 전기 분해, 면도기 등을 사용하여 제거하자.

발모(Trichotillomania)

발모란 어떤 사람이 계속해서 머리카락, 눈썹을 뽑아야 하는 느낌을 받는 것을 의미한다.

【머리관리】 이런 경우 상담, 최면술 또는 약으로 치료해야 한다.

탈모증(Alopecia) 또는 대머리

이 용어는 비정상적으로 머리가 빠질 때 사용되는 용어로서 머리가 빠지지만 다시 자라지 않는 증상을 의미한다. 식단, 스트레스, 오염, 질병, 약, 유전적인 요인들이 원인이 되며 모낭이 손상되거나 케라틴이 더 이상 생성되지 않을 수도 있다. 호르몬 요법이나 영양 또는 미네랄 보충제 등이 도움이 될 수 있다. 또한 화학요법, 약에 의해 탈모가 생기기도 하는데 이런 경우 머리가 다시 자랄 수 있다. 다음은 탈모의 종류이다.

- **노화에 따른 탈모증(Alopecia senilis)**은 나이가 들었을 때 나타나는 가장 일반적인 탈모증인데 영구적이지는 않다.
- **조기 탈모증(alopecia premature)**은 중년이 되기 이전에 대머리 현상이 나타나는 증상을 일컫는다. 머리가 점점 빠지기 시작하며 머리카락은 얇고 약해진다.
- **견인성 탈모(Traction alopecia)**는 포니테일로 묶을 때 등 너무 단단하게 묶어 머리가 빠지는 현상을 일컫는다.
- **원형 탈모(Alopecia areata)**는 아무 이유 없이 또는 신경계의 문제로 인해 부분적으로 머리가 빠지는 증상을 의미한다. 자가 면역계에 문제가 생겨도 이러한 현상이 나타날 수 있다. 머리가 빠지는 부분은 표면이 부드럽고 혈액 공급이 잘 되지 않기에 창백한 색이 될 수 있다. 약으로 치료하거나 의사 및 두피전문가와 상담하는 것이 좋다.
- **출산 후 탈모(Post-partum alopecia)** 는 아이를 낳고 모유 수유를 한 후에 나타나는 현상이다. 호르몬이 불균형적으로 분비되기에 평소보다 머리가 더 많이 빠지게 된다. 이 현상은 몇 달 후면 나아지기 때문에 크게 걱정할 필요는 없다.
- **전두탈모증(Alopecia totalis)**은 두피나 얼굴의 수염이 모두 빠지는 증상이다. 머리가 다시 자라지 않는다면 의사나 두피전문가와 상담해보도록 하자.
- **전신탈모증(Alopecia universalis)**은 두피부터 온 몸까지 털이 빠지는 증상을 일컫는다. 이는 큰 충격이나 사고 등에 의해 야기될 수 있으며 다시 잘 자라지는 않는다. 의사 또는 두피전문가와 상담해 보는 것이 좋다.

벗겨지거나 가려운 두피

두피에서 하얗게 죽은 피부껍질이 벗겨지는 현상은 보통 어깨에서 알아차릴 수 있다. 비듬과 혼동될 수 있지만 이 두 가지는 다르며 가끔 두피가 빨개지거나 가려울 수 있다. 원인은 유전적인 요인, 스트레스 또는 샴푸를 충분히 씻어내지 않거나 피지가 부족할 때, 너무 거친 샴푸질, 비타민의 불균형, 오염, 에어컨, 온풍기, 약에 의한 부작용, 화학요법 등 여러 가지가 있다.

【머리관리】 세럼 또는 로션을 사용하도록 하고 (몇몇 제품은 밤에 사용할 수 있다) 이는 두피에 수분을 공급해주어 문제를 해결하는데 도움이 된다. 또는 두피전문가, 미용실에 가서 상담을 받아 특별한 머리관리 방법 및 식단에 대해 알아봐도 좋다.

비듬

비듬은 유분이 있는 얇은 비늘 같은 분자가 머리 뿌리 근처에 생길 때 나타난다. 두피가 떨어지는 현상과는 다른 것으로서 위생이나 스트레스와는 아무 상관이 없다. 모든 사람의 두피에 있는 곰팡이성 비듬(Malassezia furfur)이라고 불리는 미세한 곰팡이 균이 비듬의 원인이다. 가끔 두피가 스트레스를 받으면 피부세포에서 더 많은 균을 생성하는데 이것이 함께 뭉쳐져서 비듬이 된다.

▼ 치료로 인해 머리가 빠진다면 임시로 화학요법을 사용해야 한다.

▼ 머리를 너무 세게 잡아 당겨 묶으면 탈모증이 생길 수 있다.

영양가 없는 식단, 활발하지 못한 신진대사 그리고 호르몬의 불균형은 비듬이 더 많이 생기도록 한다. 샴푸하고 나서 머리를 충분히 헹구지 않거나 너무 강한 샴푸를 써도 비듬이 생길 수 있다.

【머리관리】 비듬 전용 샴푸를 쓰지 않아도 된다. 물론 유용하긴 하겠지만 생활습관이나 식단을 먼저 고치고 나서 생각해도 늦지 않다. 샴푸하기 전에 머리를 빗어주고 빗은 꼼꼼하게 씻어주도록 한다. 순한 샴푸를 쓰도록 노력하고 수분이 많은 제품을 사용하도록 하라. 과도한 열사용도 피하고, 비듬이 계속 지속될 경우 비듬 전용제품이나 의사 또는 두피전문가와 상담해 보는 것이 좋다.

건선(Psoriasis)

건선은 두피 전체 또는 머리카락이 나는 라인에 영향을 미친다. 부분적으로 빨개지는 곳이 있으며 하얀 각질로 덮여있는데 가렵거나 당기는 느낌, 또는 따가울 수도 있다.

【머리관리】 허브 또는 방향요법을 쓰는 방법도 좋지만 가장 좋은 방법은 의사 또는 두피전문가와 상담해서 처방을 받는 것이다.

습진(Eczema)

이 현상은 피부가 너무 건조하고 단단해 져서 갈라지며 따가울 수 있다.

【머리관리】 순한 세안제를 사용하고 비누나 샴푸를 사용했을 때 너무 따가우면 물로 헹구기만 한다. 빗질도 살살 하도록 한다.

지루성 피부염(Seborrhoeic dermatitis)

이 피부염은 비듬의 원인인 효모균에 의한 염증으로 감염이 되지는 않는다. 스트레스 또는 유전적인 요인에 의해 나타난다. 이 현상이 유아기 때 나타나면 유아지방관(cradle cap)이라고 한다. 특징은 두피에 크고 유분이 많고 노란 각질이 붙어있다는 점이다. 또 피부에 염증이 생기고 얼굴에서 각질이 떨어지기도 한다. 극단적인 경우 빨갛게 부어오르며 두피와 얼굴 모두에 각질이 생긴다.

【머리관리】 비듬을 방지해주는 샴푸를 써도 좋으나 의사와 상담하는 것이 가장 좋다.

▲ 비듬은 눈에 크게 띄지는 않지만 그렇다고 너무 걱정할 필요는 없다. 머리를 감기 전에 머리를 전체적으로 잘 빗어주면 도움이 된다.

▲ 머리를 정기적으로 감고 빗어주면 비듬과 같은 문제를 미리 막을 수 있고 모발의 상태도 좋아진다.

피지낭종(sebaceous cysts)

피지낭종은 피부 안에서 케라틴이 쌓여 딱딱한 덩어리가 동시에 여러 개 생겼을 때 나타나는 현상이다. 이런 덩어리가 생기게 되면 보통 통증이 따르고 빗으로 빗을 때 만져질 만큼 크다.

【머리관리】 이러한 피지낭종은 제거해야 하기에 의사 또는 두피전문가와 상담하도록 하자.

감염(infection)

감염은 해로운 균이나 박테리아에 의해 옮겨진다. 머리와 두피의 상태에 영향을 미치기에 반드시 치료해야 한다.

- 박테리아 감염 : 종기 또는 농가진 같은 감염은 항생물질로 치료해야 한다. 바이러스는 모든 몸의 세포 안에 있기에 감기 등도 모발상태에 영향을 끼친다.
- 균에 의한 감염은 케라틴을 없애며 두피 전체에 퍼진다. 백선도 이에 포함되는데 가능하면 빨리 치료해야 하며 방법이 빨리 치료하지 않을 경우 탈모가 생길 수도 있다.

이(infestation)

이가 머리에 직접적으로 생긴다는 사실은 시대를 불문하고 매우 언짢은 일이다. 특히 아이들 사이에서 급속도로 퍼질 수 있는데 아이들이 학교에서 놀 때 가깝게 지내기 때문이다. 물론 어른들한테도 동일하게 영향을 끼치는데 가장 중요한 사실은 가족들 사이에서 옮길 수도 있다는 점이다.

이는 보통 알을 낳는데 굉장히 작아 잡기 어렵다. 이 알들은 따뜻한 온도를 필요로 하기에 이, 또는 알들은 머리카락보다는 두피 근처에서 찾을 수 있다. 이들은 모간에 딱 붙어 있어 잘 떨어지지 않는다.

【머리관리】 유충과 이는 약국에서 흔히 찾을 수 있는 전용 빗으로 빗어 내야 한다. 화학제품을 사서 없앨 수도 있는데 효능에 대해서는 논란이 많다. 빗으로 빗어서 제거하는 방법이 가장 좋다. 이와 유충이 제거되면 하루에 적어도 세 번씩 빗어주도록 하고 사용한 빗은 반드시 소독하도록 한다.

Shampooing hair 샴푸하기

효과적으로 머리를 관리하기 위해서는 깨끗하게 클렌징 하는 것부터 시작한다. 모발의 종류에 따라 머리를 매일 감거나 혹은 일주일에 몇 번만 감는 등 다양한 방법이 있다.

샴푸는 왜 사용해야 할까?

모발과 두피를 씻어내기 위해 만들어진 샴푸는 먼지는 씻어 내지만 자연 피지는 씻어내지 않아 윤기가 지속되도록 한다. 샴푸는 세정제, 향, 방부제, 모간을 보호해 주어 두껍게 보일 수 있도록 해주는 조절제가 들어가 있다. 이 조절제(conditioning agent)는 피부 층의 각질을 부드럽게 해줌으로써 머리가 엉키지 않고 머리를 말렸을 때 탄력을 잃지 않도록 해준다.

샴푸의 종류

샴푸에는 여러 종류가 있기 때문에 (몇몇 제품은 클렌저 또는 세정제라 불린다) 모발의 종류, 머릿결, 헤어컬러, 머리의 상태에 따라 자신에게 맞는 제품을 찾을 수 있다. 달라진 환경에 따라 샴푸를 잘 골라야 한다.

예를 들어 여름에는 햇빛으로부터 보호해주는 수분이 많은 제품을 사용하고 염색을 했을 때는 퇴색되는 현상을 막아주는 성분이 들어가 있는 샴푸를 쓰면 좋다. 또는 비듬과 같이 어떤 문제가 있을 때 각 문제에 맞게 전용샴푸를 쓰면 좋다.

pH지수

이 표시는 산성인지 알칼리성인지를 나타내는 것으로서 1부터 14 단계로 나뉘어져 있다. 7이하의 숫자는 산성이고 7 이상은 알칼리성을 나타낸다.

머리 피지의 산성도는 4.5에서 5.5 사이 정도 되는 약산성이다. 박테리아는 이런 산성화된 환경에서 살아남을 수 있기에 피지 층을 보호해주는 역할이 굉장히 중요한데 피지 층이 형성됨으로서 피부, 두피, 모발의 상태가 건강하게 유지되기 때문이다. 샴푸가 극 산성이거나 극 알칼리성이 되면 피부가 약해져 갈라지게 된다. 대부분의 샴푸는 약 5~7정도 사이이며 약으로 사용되는 제품들은 중성인 7.3정도 된다. 많은 샴푸 제품을 보면 'pH balanced' 라고 표시되어 있는데 이는 모발을 본래의 산성화 정도로 복구해준다. 이는 염색과 같이 화학적인 제품을 사용한 후 쓰면 유용하다.

두피마사지

마사지는 두피를 건강하게 유지해 준다. 피부조직에 여분의 혈액을 공급해서 모낭에 영양소와 산소를 더 많이 공급해 줄 수 있다. 마사지는 두피의 긴장을 막아서 탈모를 방지해주고 죽은 피부세포를 제거하며 머리에 윤기가 흐르도록 해주는 피지의 재생산을 돕는다.

두피마사지는 집에서도 쉽게 할 수 있다. 보통 두피의 경우 장미와 미네랄을 함유한 물을 사용하고 손에 연고를 덜은 후 두피 전체에 골고루 바른다.

◀ 자신의 모발 타입에 맞는 관리법을 알고 있기만 하면 쉽고 빠르게 관리해 줄 수 있다.

▲ 피부에 맞는 세안제를 찾듯이 샴푸도 현재 모발상태에 맞게 골라야 한다.

그런 다음 머리라인을 따라 두피를 마사지 해주고 머리 뒤쪽 밑부터 거꾸로 마사지 해준다. 머리 뒤쪽까지 마사지를 하고나면 관자놀이 부분에서 거꾸로 다시 마사지 해준다. 작고 동그란 원을 그리며 마사지를 해주도록 하고 힘은 적당히 가하도록 한다.

Tips for healthy hair

- 모발의 종류에 맞는 샴푸를 사용하도록 한다. 만약 자신의 모발의 종류를 잘 모르겠다면 가장 순한 샴푸를 사용하도록 한다.
- 비누 또는 다른 세제로 머리를 감지 않도록 한다. 이 제품들은 지나친 알칼리성이기에 머리에 자극을 주고 자연 피지의 양이 줄어든다.
- 모든 제품을 사용할 때 반드시 설명서를 읽는다.
- 샴푸 샘플을 사서 모발에 먼저 테스트 해본다.
- 욕조에서 머리를 감지 않는다. 머리를 헹굴 때 더러운 욕조 물은 전혀 도움이 되지 않는다.
- 머리를 감을 때마다 브러시와 빗은 씻어둔다.
- 거품이 생기지 않는다고 해서 샴푸를 버리지 않는다. 비누 거품의 양은 세제의 활성화 정도에 의해 결정되는데 몇몇 제품은 다른 제품들 보다는 그 양이 작을 수는 있으나 세정력과는 아무런 관계가 없다.

Did you know?

많은 사람들이 샴푸를 충분히 헹궈내지 않는데 적어도 2분 정도는 헹궈줘야 한다. 두피에 자극을 줄 수 있으므로 너무 뜨거운 물은 사용하지 않는다.

Shampooing hair

건강한 모발상태는 깨끗하게 감는 데서부터 시작된다. 다음은 두피와 모발의 상태를 잘 유지할 수 있는 방법들이다.

1 샤워기로 머리 전체에 물을 묻히고 안쪽 부분까지 스며들 수 있도록 한다. 이는 샴푸가 골고루 스며들 수 있도록 해준다.

2 샴푸를 손에 덜어내어 사용하도록 한다. 머리에 바로 덜어내면 양을 조절할 수 없기 때문이다. 짧은 머리는 작은 동전 크기만큼의 샴푸를 사용하도록 하고 긴 머리는 조금 더 많이 덜어내되 손바닥 크기보다 많이 덜지는 않도록 한다.

3 두피를 마사지하면서 감아주되 귀, 목 부분에 특히 주의한다.

4 샴푸는 모두 깨끗이 씻어내고 머리를 부드럽게 수건으로 짜면서 말린다. 머리를 지나치게 문지르면 엉키거나 끊어 질 수 있으니 주의하도록 한다. 또 젖은 머리가 말린 머리보다 더 잘 상할 수 있다.

Conditioning hair 린스

상태가 좋은 모발은 손질하기 쉽고 윤기가 흐르며 유연하고 부드러운 느낌이 난다. 이상적으로 간단한 샴푸만으로도 아름다운 머릿결을 유질할 수 있긴 하지만 화학제품에 의해 스트레스 받은 모발을 보호하고 문제점도 해결하기 위해서 종종 린스를 해주어야 한다.

왜 린스를 해야 하는가?

윤기가 흐르는 머리는 두피의 각질층이 얇게 여러 개의 층으로 쌓여 있어 빛을 반사한다. 퍼머넌트, 염색, 혹은 머리를 거칠게 빗거나 열을 가해서 스타일링을 하는 과정에서 두피가 들려 표면은 거칠어지게 되고 또 수분이 없어져서 모발이 건조해지고 윤기가 없어지며 엉키게 된다. 손상된 두피는 완전히 떨어지는데 이 때 피질이 드러나 갈라지고 파손된다.

머리에 다시 윤기가 흐르게 하려면 모발상태에 알맞은 린스를 사용해야 한다. 핫 오일(hot oil)을 제외하고 샴푸를 끝낸 바로 직후 바로 린스를 해주어야 하고 타월로 젖은 머리를 말려주어 촉촉하게 해준다.

린스의 종류

린스는 구성과 효능에 따라 여러 제품이 있다.

- 기본 린스는 모발을 얇은 막으로 감싸서 단기적으로 부드럽게 보이도록 해주고 윤기가 흐르게 해주며 손질하기 쉽게 만든다. 머리를 전체적으로 헹궈주기 전 몇 분 정도 린스를 그대로 놔둔다.
- 리브 인 컨디셔너(leave-in conditioner)는 스프레이 제품도 있고 크림 제품도 있는데 머리를 감고 나서 사용한다. 병에 표시되어 있는 설명서를 잘 따르고 머리를 말릴 때 또는 손질 할 때 사용하면 된다. 시간을 절약할 수 있다는 장점이 있으며 머리가 지나치게 건조하거나 염색 후, 또는 열을 너무 많이 가했을 때 사용하면 아주 좋다.
- 스프레이 린스는 스타일링 할 때, 열로부터 머리를 보호하도록 만들어졌고, 잘 날리는 머리에 뿌려주면 탄력성을 유지할 수 있다.

◀▼ 모발의 상태를 복구시키기 위해 일주일에 한 번 크림 린스를 바르고 마스크를 씌어 놓는다.
▼ 모발상태가 좋으면 부드럽고 유연하며 손질하기 쉽다.

• 핫 오일(hot oil)은 모발에 집중적으로 영양이 필요할 때 사용하면 좋다. 사용 방법은 튜브를 열지 말고 그대로 뜨거운 수돗물 한 컵 정도에 넣어 두어 1분 동안 열을 가해준다. 그 다음 머리에 물을 묻히고 튜브를 열기 전 수건으로 짜서 말린다. 두피에 핫 오일을 골고루 묻힌 다음 1 분에서 3분 정도 전체적으로 마사지를 해준다. 더 집중적으로 트리트먼트를 하고 싶다면 샤워 캡을 쓰고 스며들 때까지 놔둔다. 마무리 할 때는 머리를 헹군 다음 샴푸를 한다.
• 인텐시브 컨디셔닝 트리트먼트(intensive conditioning treatment)는 미용실에서 보통 서비스차원으로 해주는 경우가 많다. 또는 집에서도 할 수 있다. 이 제품은 크림 또는 마스크 형태로, 사용하게 되면 머리 본래의 수분 균형을 찾는데 도움이 되며 필요한 부분마다 발라주면 된다. 머리가 갈라지거나 건조할 때, 엉키거나 손질하기가 쉽지 않을 때 사용해보자.
• 리스트럭처링(Restructurants)은 두피에 스며들어 손상된 모발이 다시 강해질 수 있도록 도와준다. 만약 머리가 엉키고 화학제품이나 직접적인 손상으로 인해 본래 탄력을 잃었을 때 사용하면 도움이 된다.
• 갈라진 모발용 트리트먼트와 세럼은 손상된 모발에 사용할 수 있다. 가장 좋은 방법은 갈라진 끝을 잘라 내는 방법인데 항상 전체적인 문제를 해결할 수 있지는 않다. 머리카락마다 갈라지는 정도가 다르기 때문이다. 차선책으로 갈라진 모발용 린스를 쓰게 되면 갈라진 끝이 임시로 감추어진다.
• 염색/퍼머넌트용 린스는 화학제품으로 머리를 손질한 경우 사용하기 위해 만들었다. 염색 전용제품은 모발주변으로 색이 유지되도록 보호막을 형성하고 퍼머넌트 전용제품은 머리가 안정될 수 있도록 도와주어 컬이 균형을 이룰 수 있도록 해준다.

Did you know?

만약 모발이 평소보다 더 빠르게 기름기가 많아진다면 아마 린스를 너무 지나치게 사용해서 그럴 수 있다. 그렇다고 바로 버리지는 말고 더 빨리 헹구고 조금만 쓰도록 한다.

Conditioning hair

화학제품을 사용하여 머리를 했거나 외부의 스트레스 요인에 노출되었다면 정기적으로 샴푸 후에 린스를 해주어야 한다. 너무 많이 사용하진 않도록 주의하자. 조금만 사용해도 충분하며 너무 많이 사용할 경우 머리가 축 처질 수 있다.

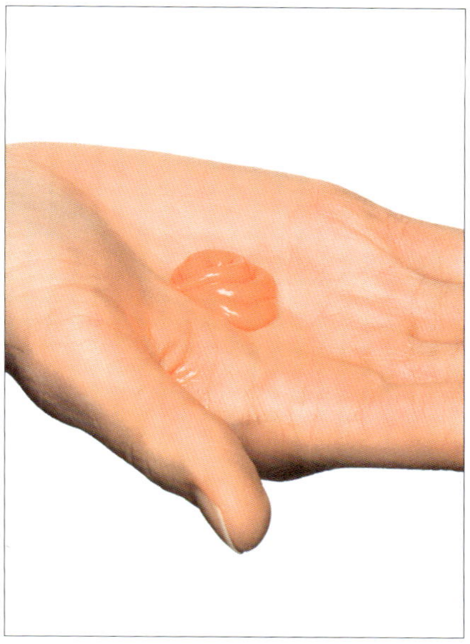

1 제품에 표시되어 있는 설명서를 따르되 보통 중간 길이의 머리 경우 동전 크기만큼 덜어주고 짧은 머리는 그보다 더 적게 쓴다.

2 양손에 린스를 묻혀 가볍게 머리에 발라 문지르고 씻긴 젖은 머리 길이에 맞춰 바른다.

3 린스는 두피보다 머리 중간부터 끝까지 발라준다. 뿌리는 모발이 다시 자라는 곳이기에 인위적이 아닌 자연스럽게 좋은 상태를 유지할 수 있어야 한다. 넓은 빗을 사용하여 린스가 골고루 스며들 수 있도록 머리를 빗는다. 이 종류에 쓰이는 빗은 촘촘한 얇은 빗보다 빗질하기가 더욱 쉽다. 린스는 머리가 잘 빗겨질 수 있게 만든다. 미지근한 물로 헹구기 전 린스가 스며들 때까지 어느 정도(2~5분 정도) 기다려야 한다. 타월로 머리를 말리고 다시 빗는다.

Natural treatments 천연 트리트먼트

전 세계적으로 허브나 식물은 치료 또는 미용의 목적으로 사용되어 왔다. 이런 오래된 방법 들 중 많은 것들이 오늘날 여전히 사용되고 있는데 그 중 효능 있는 것들을 찾아 해보는 것도 좋은 방법이다. 천연재료로 만든 트리트먼트는 오래 보관할 수 없으니 만든 후 바로 사용하도록 하자.

◀ 바나나와 아보카도 열매는 모발에 영양을 주는 마스크로 만들어 질 수 있다.

허브 샴푸

말린 월계수 잎을 밀대로 찧은 후 카모마일 꽃잎 한줌과 로즈마리 한 줌과 섞어준다. 그 뒤 큰 병에 붓고 1리터/13/4 핀트/4컵 정도의 끓인 물을 넣는다. 2~3분 후에 걸러 내고 5ml/1티스푼의 부드럽거나 액체로 만든 비누를 섞는다. 그 뒤 머리에 붓고 1~2분 동안 마사지를 해준 뒤 전체적으로 씻어낸다.

컨디셔닝과 윤기내기

- **계란 마스크** : 계란 두개를 30ml/2티스푼의 물과 15ml/1티스푼의 사이다 또는 레몬주스를 섞는다. 젖은 머리에 붓고 마사지를 해준 뒤 미지근한 물로 씻어 내기 전 10~15분 정도 그대로 놔둔다.
- **바나나 마스크** : 으깬 바나나 1개, 45ml/3스푼의 꿀, 45ml/3스푼의 우유, 75ml/5스푼의 올리브 오일과 계란 한 개를 섞어 준다. 젖은 머리에 붓고 마사지를 해주어 골고루 바른다. 30분 정도 그대로 놔둔 뒤 샴푸와 린스로 평소처럼 감아준다.
- **요거트 마스크** : 105ml/7티스푼의 플레인 요거트를 계란 흰자와 섞는다. 젖은 머리에 붓고 뿌리부터 모발 끝까지 잘 마사지 해준 뒤 30분 정도 그대로 놔둔다. 마지막으로 평소처럼 샴푸와 린스로 감아준다.
- **아보카도, 꿀, 올리브 오일**은 린스 대용으로 사용하기 아주 좋은 재료들이다. 각 재료들을 다양하게 혼합하거나 (올리브오일과 계란을 함께 풀어주거나 꿀과 오일을 반반씩 섞어줄 수 있다) 모두 다 한꺼번에 사용할 수 있다. 각자 취향대로 만들고 이 재료들의 효능이 나타날 때까지 원하는 만큼 놔두어도 된다. 그 후 샴푸와 린스로 머리를 감아준다

린스(샴푸 후)

레몬 주스를 린스 물에 부어 씻으면 금발의 머리색이 더 밝아진다. 30ml/2스푼의 사이다를 섞으면 어떤 색의 머리도 반짝일 수 있도록 해준다. 다른 린스는 (샴푸 후 사용하도록 만들어진) 다양한 문제를 해결 할 수 있다. 먼저 30ml/2스푼의 싱싱한 허브를 도자기나 유리그릇에 넣고 물을 우려낸다. 싱싱한 허브가 가장 좋지만 건조된 허브잎을 사용해도 좋다. 그러나 건조된 잎이 더 강하기에 싱싱한 허브 양의 반만 써야 한다. 그 뒤 600ml/1 핀트의 끓이는 물을 넣고 뚜껑을 덮은 뒤 3시간 정도 놔둔다. 사용하기 전에는 걸러내야 한다.

- **개사철쑥**(Southernwood)은 유분을 제거한다.
- **쐐기풀**(Nettle)은 머리가 빨리 자라도록 한다.
- **로즈마리**(Rosemary)는 정전기를 방지한다.
- **라벤더**(Lavender)는 단단한 두피를 부드럽게 한다.
- **티 트리**(Tea Tree)는 균을 없앤다.

에센셜 오일 사용하기

순수 아로마 요법의 오일은 모발 관리에 사용된다. 다음 방법은 세계적으로 유명한 Robert Tisserand의 아로마 요법이다. 다량의 오일과 식물 기름 30ml/2 스푼(또는 큰 두 tm푼)정도를 넣고 희석시킨다.

- **건성 모발**
  : 자단(rosewood) 9, 백단(sandalwood) 6
- **지성 모발** : 베르가못(bergamot) 9, 라벤더 6
- **비듬**
  : 유칼리나무(eucalyptus) 9, 로즈마리 6

위와 같이 혼합된 트리트먼트를 말린 머리 또는 젖은 머리에 붓는다. 손끝으로 두피를 마사지하고 2~5분 정도 놔둔 뒤 샴푸와 린스로 감아준다.

◀ 천연 에센셜 오일의 마법을 지켜보자. 그러면 모발의 상태가 회복 될 것이며 반짝이고 생기가 있어짐과 동시에 비듬은 없어진다.

Happy holidays 행복한 휴일 보내기

햇빛 아래서 2주 동안 휴가를 보내게 되면 머리는 1년 내내 손상된 상태보다 훨씬 심하게 손상을 입는다. 모발도 당신만큼 휴식을 취할 수 있도록 해주자. 휴가 동안 완벽하게 보일 수 있도록 헤어제품 등을 철저히 준비하도록 하자.

햇빛 아래서 휴가를 보낼 때 우리의 모발은 손상을 입는다. 우리의 피부가 자외선 또는 복사에너지로부터 손상을 입듯 모발에도 해로운 영향을 끼치며 유분기와 수분을 빼앗아 간다. 특히 흰머리는 햇빛의 영향을 많이 받는데 자외선으로부터 해로운 물질을 걸러주는 색소(멜라닌)가 줄어들기 때문이다.

너무 강한 바람에 모발이 노출되면 머리는 엉키게 되고 끝이 갈라지거나 끊어질 수 있다. 또 염소와 소금이 포함된 물에 머리가 닿으면 염색한 색이 바래지고 빨리 약해지며 건조해 질 수 있다. 심지어 염소는 금발, 회색, 흰머리를 녹색으로 얼룩지게 하기도 한다.

햇빛과 바람 차단

해로운 광선으로부터 피부뿐만 아니라 모발도 보호해야 한다. 모자, 스카프를 둘러쓰거나 보호해 줄 수 있는 제품을 사용할 수도 있다. 자외선을 차단해주는 스프레이 또는 젤을 사용해도 좋은데 꽤 효능이 좋다.

머리에 발라준 다음 하루 종일 놔두면 된다. 수영을 하고 나서 반드시 다시 발라줘야 한다. 또 자외선을 차단해 주는 리브 인 컨디셔너(leave-in conditioner)를 대신해서 사용해도 좋다.

바람이 부는 날에는 머리를 묶어 엉키지 않도록 하자. 긴 머리가 젖었을 때는 머리를 하루 종일 땋아둔다. 저녁에 땋은 머리를 풀면 아름다운 컬이 연출 될 것이다.

만약 바람에 머리카락이 엉키면 넓은 빗을 사용하여 부드럽게 엉킨 머리를 풀어주도록 하고 잘 빗어질 수 있도록 스프레이용의 린스를 뿌려서 살살 풀어준다.

▼ 2주의 휴가 동안 머리 관리를 잘 해서 남은 계절 동안 모발의 문제가 생기지 않도록 하자.

휴가 동안 머리 관리하기

휴가 동안에는 평소보다 더 자주 머리를 감고 싶을지도 모른다. 일반적으로 바다 또는 수영장에 들어갔다 온 후 소금기와 염소, 남은 모래를 제거해야 하기에 적어도 하루에 한 번은 머리를 감아주어야 한다. 일반적인 미신과 달리 아무 문제없으며, 이렇게 머리를 감는다고 해서 머리가 지성이 되거나 집에 오면 머리를 더 많이 감아주어야 할 필요는 없다. 수영 후 매번 샴푸로 못 감아도 깨끗한 물로 씻어 내었다면 소금과 염소는 제거된다. 만약 샤워기가 없다면 병에 수돗물을 가득 담아 대신 사용하면 된다.

천연 염색

모발이 햇빛에 노출되면 머리색이 퇴색되어 사람들이 좋아하는 밝은 색이 된다. 하지만 이는 모발이 건조되는 과정이기에 컨디셔너를 사용해서 수분을 다시 채워주어야 한다. 너무 많은 햇빛 노출로 인해 두피가 화상을 입을 수도 있다. 머리색을 더 빨리 밝게 하기 위해 레몬주스를 뿌리기도 하는데 효능이 있다는 설도 있지만 천연 구연성의 산은 모발에 손상을 줄 수도 있다.

여행 전 준비하기

- 염색을 하고 싶다면 적어도 휴가를 가기 1주일 전에는 해야 한다. 그래야지만 색이 좀 더 부드러워지고 건조한 모발에 집중 컨디셔닝을 해줄 수 있다.
- 퍼머넌트를 하고 싶다면 떠나기 3주전에 예약해서 새로운 스타일에 적응하고 손질방법을 익힐 시간을 갖도록 해야 한다.
- 떠나기 전에 머리를 다듬어 보자. 여행가서 새로운 스타일에 어떻게 적응해야 할지 걱정될 수 있으니 너무 파격적으로 자르지는 말자. 원하는 대로 자르되 해외에 나가서 자르는 시도는 좋지 않다. 집에 올 때까지 기다렸다가 자주 가는 미용실에서 자르도록 하자.

▲▶ 머리를 감는 것은 매우 중요한데 바다나 수영장에 들어갔다 온 후 반드시 헹구어 주어야 한다.

▶ 햇빛 가리개 모자와 햇빛 차단 제품, 물병은 해변에 갈 때 반드시 가지고 가야 한다.

해변

햇빛, 모래, 소금, 염소에 노출이 되면 모발에 특별 관리를 해주어야 한다. 여기 몇 가지 좋은 팁들이 있다.

- 머리를 높이 묶지 말고 목 뒤쪽쯤에 묶는다. 이는 햇빛에 과다 노출되는 위험을 막아준다.
- 수돗물 한 병을 챙겨서 소금물을 계속 헹궈준다.
- 햇빛 차단제를 최대한 자주 발라준다. 아침에 한 번 발라주는 것은 충분하지 않다.
- 헤어밴드를 사용하여 머리를 묶어 주자. 스카프는 항상 휴대하여 필요할 때마다 머리를 묶어줄 수 있도록 하자.
- 몸에 바르는 자외선 차단제 소량을 머리 또는 두피에 뿌리거나 발라주어도 좋다.

피스트

우리가 깨닫지는 못하지만 추운 온도, 바람, 반사되는 겨울 햇빛도 우리의 모발에 해변에서처럼 똑같이 손상을 입힐 수 있다. 다음 기본적인 룰을 지켜주면 도움이 된다.

- 눈에 반사되는 햇빛도 굉장히 강렬하기에 모발을 가려줄 수 있는 보호막이 필요하다.
- 바람, 눈보라, 밝은 햇빛은 모발을 손상시킬 수 있으니 가능한 한 모자를 쓰도록 하자.
- 추운 날씨는 정전기를 일으키고 머리가 흩날려 손질 할 수 없는 상태가 된다. 머리를 빗기 전에 헤어스프레이를 뿌려 정전기가 일어나지 않도록 하자.
- 갑작스럽게 온도가 변하고 모자를 계속 바꿔 쓰기 때문에 매일 샴푸를 해야 한다. 순한 샴푸와 컨디셔너를 쓰도록 하자.

집에 돌아 왔을 때

휴가가 끝나고 나면 탄 피부색은 금세 사라져 버리고 며칠 동안 모발의 문제만 드러난다. 흔히 생길만한 문제들을 해결 할 수 있는 간편한 방법들을 소개한다.

- 정제된 샴푸 또는 트리트먼트를 사용하여 휴가 때 사용했던 스타일링 제품으로 인해 남은 물질들을 깨끗이 씻어낸다. 머리 상태가 원래대로 돌아오면 멈춰야 함을 잊지 말자.
- 건조하고 두피에서 각질이 떨어지는 이유는 과도하게 햇빛, 모래, 바람에 노출되었기 때문이다. 피부를 다시 촉촉하게 해주는 두피 전용 트리트먼트를 사용하여 집중적으로 관리하면 도움이 된다.
- 심하게 건조하거나 갈라진 머리끝은 잘라낸다.
- 휴일 동안 분명 음식과 와인을 많이 먹고 싶은 욕구가 있었을 것이고 식단 또한 여러분의 몸이 적응되지 않았을 만큼 매우 다양했을 것이다. 피부와 마찬가지로 모발도 영향을 받았을 것이기에 집에 오면 해독해 줄 수 있는 식단으로 바꿔줘야 한다!
- 만약 머리 일부가 녹색으로 변했다면 (밝은 색의 머리일수록 가능성이 높다) 독을 제거해 주는 샴푸를 쓰면 도움이 된다. 토마토 원액 주스나 케첩으로 머리를 감아도 되는데 토마토나 케첩에 들어있는 빨간색이 녹색을 제거해주기 때문이다. 그래도 색이 빠지지 않는다면 미용실에 가서 전문 트리트먼트를 받도록 하자.

▶ 모자는 외부 환경으로부터 오는 스트레스, 예를 들어 추위 또는 눈에 반사되는 빛 등으로부터 모발을 보호해주는 데 가장 좋은 방법이다.

Pack a bag 여행 준비

큰 욕실 서랍을 열면 여러 스타일을 위한 많은 헤어제품들이 있지만 그 중 여행 갈 때 가지고 갈 것들을 고르기는 쉽지 않다. 여기 가방 사이즈에 따라 어떤 제품을 챙겨가야 하는지 도움이 되는 팁들이 있다.

여행 계획을 세울 때 얼마나 오래 있을지 가서 무엇을 할지, 여행 가방에 얼마나 가져 갈 수 있을지를 먼저 생각해 봐야 한다. 어떤 활동과 어떤 약속이 있는지 생각해 보고 그 때마다 어떤 머리 스타일을 할지 생각해 보도록 하자. 스타일링 로션, 무스, 세럼, 스프레이가 필요한가? 모두 가져갈 수 있는가 아니면 작은 용기에 담아 가야 하는가?

가방이 클 때

공간이 문제가 아니라 무게가 문제라면 다음 제품들과 도구를 가져 가보자.

- 샴푸와 린스를 넣을 수 있는 적당한 크기의 병과 튜브
- 수분 컨디셔닝 스프레이는 긴 여행에서 일주일에 한 번 또는 두 번 정도 사용한다.
- 양을 적게 가져가고 싶으면 작은 병이나 봉지에 든 제품을 선택할 수 있다.
- 디톡스 샴푸(detox shampoo)는 열, 먼지, 연기등과 같은 환경의 변화가 있을 때 사용하면 좋다.
- 드라이 샴푸(dry shampoo)는 시간이 없을 때 사용하면 유용하다.
- 거의 다 쓴 무스, 스프레이, 젤 등은 여행기간 동안 다 쓰고 버리면 되므로 유용하다.
- 헤어밴드와 헤어핀을 가지고 가면 필요할 때마다 쉽게 묶을 수 있다.
- 큰 빗과 꼬리 빗도 챙기자.
- 크고 둥근 브러시는 머리를 부드럽게 하고 머리를 말거나 컬을 넣고 싶을 때 사용할 수 있다.
- 가능하다면 이중 전압이 가능한 헤어드라이기도 챙기자.
- 여행 가려는 국가에서 쓸 수 있는 어댑터도 챙긴다.
- 더 춥거나 더운 곳으로 휴가를 가게 되면 스카프나 모자를 챙기자. 면으로 만든 햇빛 가리개용 모자는 작게 접힐 수 있고 양털로 된 스키 모자는 재미있는 헤어스타일을 연출할 수 있다.
- 건전지 또는 가스로 작동하는 헤어 기계제품들은 어디서나 사용할 수 있고 휴가 기간 동안 휴대하기 편리하다. 비행기 내에는 가지고 탈 수 없으니 수하물에 붙이도록 해야 한다. 비행기내에서는 실린더를 교체 할 수 없으니 가기 전에 반드시 교체해 놓도록 하자.

중간크기의 가방일 때

좀 짧은 여행을 갈 때는 다음 제품들을 가져가면 좋다.

- 비닐 팩에 든 제품(샴푸, 린스, 스타일링 로션)이 딱 적당하다. 짜서 쓰는 제품이기에 샐 염려도 없고 다 쓰면 버려도 되기 때문에 편리하다.
- 작은 탤컴 파우더(talcum powder)튜브는 드라이 샴푸보다 두 배의 효능이 있다.
- 헤어밴드와 보비 핀은 작아서 유용하며 휴대하기 쉽다.
- 꼬리 빗, 큰 빗은 언제나 필요한 제품이다.
- 숙박하는 곳에 헤어드라이기가 있는지 전화해 보면 좋다.
- 작은 고데기는 열이 빨리 오를 뿐 아니라 공간도 많이 차지하지 않는다. 시간이 없는 경우 빨리 머리를 말수 있다.
- 그립(self-grip roller)은 부피가 크지만 가볍고 머리가 눌리거나 지저분해 졌을 때 사용하면 좋다.
- 스카프는 모발을 보호 해 줄 뿐만 아니라 어느 곳에서나 액세서리 대용으로 쓸 수 있다. 호텔베개나 에어컨이 머리에 정전기가 나게 하거나 엉키게 할 수도 있는데, 실크 스카프를 머리에 두르고 자면 정전기가 덜 생긴다.

▶ 헤어스타일링 제품의 미니어처를 사거나 빈 작은 용기를 사서 덜어 가면 좋다.

짧은 여행

여행가서 오래 머무르지 않는다면 필요한 헤어 제품이 든 세트를 사면 유용하다.

- 샴푸와 린스가 함께 든 제품을 사거나 다 쓰면 버릴 수 있게 비닐 팩에 든 제품을 사면 좋다. 짧은 여행을 갈 때 이 제품들은 매일 사용해도 좋다. (너무 오래 사용하면 머리에 잔여물이 남을 수 있으니 며칠만 사용한다)
- 부스스한 머리를 부드럽게 하고 빨리 머리에 윤기를 내고 싶다면 작은 병에 든 다목적용 세럼을 가져가도 좋다.
- 미니어처 스타일링 스프레이를 가져가면 사용하기 편리하고 뿌리에 뿌려주면 머리가 눌리지 않고 열이나 바람으로부터 보호도 해 줄 수 있다.
- 보비 핀을 충분히 챙겨가서 머리를 땋아 올리거나 올림머리 할 때 사용할 수 있다. 광택이 나는 것 보다 없는 것을 가져가면 머리에 고정시켰을 때 티가 많이 나지 않는다.
- 헤어밴드는 반드시 필요하다. 다른 머리틀 하다 잘 안되면 뒤로 묶을 수 있다.
- 머리 빗, 꼬리 빗은 항상 필요하다.

◀ 머리 감을 시간이 없거나 드라이 샴푸가 없을 때 머리의 유분을 제거하는데 좋은 방법은 탤컴 파우더를 뿌리 쪽에 뿌리고 빗어주면 효과가 있다.

반드시 필요한 제품

많은 헤어제품 없이도 머리 손질은 할 수 있지만 그래도 각 모발의 타입에 따라 기본적으로 필요한 제품들이 있다.

- 염색머리는 햇빛에 퇴색될 수 있기에 이를 방지해 주는 헤어제품을 가져가서 보호해 주어야 한다. 추운 날씨나 바람 또한 머리를 건조하게 하고 갈라지게 할 수 있기에 꼭 챙겨가서 잘 관리해주어야 한다.
- 머리카락이 얇은 타입은 순한 샴푸와 리브 인 컨디셔너가 필요하다. 헤어스프레이도 또한 필요한데 뿌려주면 두피에 남아 습도가 높은 곳에서도 수분을 지켜주며 추운 날씨에도 정전기가 덜 생기게 한다.
- 곱슬머리는 순하고 수분이 들어간 샴푸가 필요하고 크림 타입의 컨디셔너를 챙겨 햇빛이 에어컨으로부터 자칫 건조해 질 수 있는 머리를 보호해 주어야 한다. 또 딥 컨디셔너 트리트먼트(deep conditioner treatment)도 챙겨 가면 유용하다.
- 부스스한 모발은 햇빛 또는 열로부터 보호해 주는 스프레이, 오일, 헤어 팩을 가져가 머리가 많이 건조해 질 때 사용하면 좋다. 또 부스스함을 방지해 주는 세럼도 머리를 차분하게 해줄 수 있고 어떤 날씨에서든 수분을 유지해 준다.

겸용 제품

계획을 아무리 잘 세워도 가끔씩 무언가 꼭 빠트리기 마련이다. 여기 제시된 대체 물품들을 사용하면 따로 사러 나갈 필요는 없다.

- **드라이 샴푸가 없을 때** : 탤컴파우더를 유분기가 많은 뿌리부분에 뿌려주고 전체적으로 빗어준다. 하마멜리스(hamamelis : 조록나무과 식물)를 뿌리부분에 문질러 주면 기름을 흡수한다. 이 방법들은 하루만 사용하고 그 다음부터는 머리를 감아주면 된다.

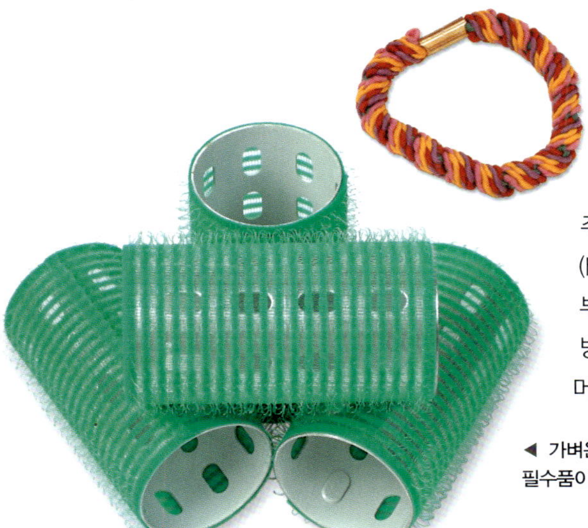

◀ 가벼운 롤러나 헤어밴드는 현명한 스타일리스트에겐 필수품이다.

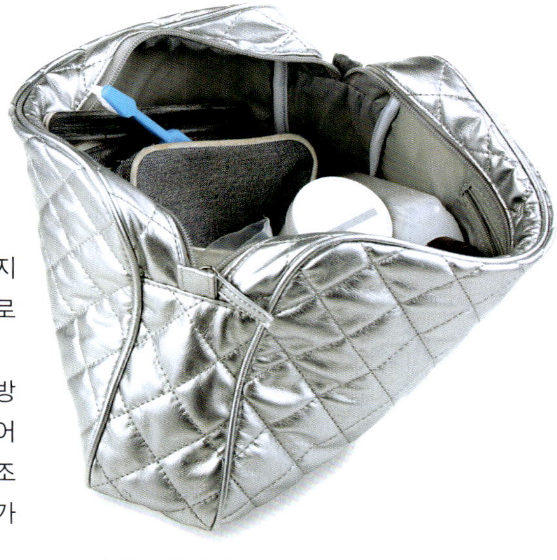

▲ 공간이 부족할 때 가지고 갈 내용물들은 잘 정리해 두자.

- **린스가 없을 때** : 아보카도나 꿀 또는 어떤 오일이든 구할 수 있다면 구하도록 하자. 이 재료들을 혼합해서(아보카도는 으깨준다) 물을 묻힌 깨끗한 모발에 발라준다. 스며 들 수 있도록 몇 분 정도 놔둔 다음 샴푸와 린스로 감아주면 된다.
- **세럼이 없을 때** : 리브 인 컨디셔너를 세럼을 바를 때처럼 머리끝에 발라주면 건조한 머리끝이 부드러워지고 다시 수분이 생긴다. 헤어스프레이 또한 흩날리는 머리를 차분하게 해 줄 수 있다.
- **열 차단 스프레이가 없을 때** : 몸에 바르는 자외선 차단제 로션이나 오일을 머리에 발라주면 두피를 보호 할 수 있다.(너무 많이 바르지는 않는다) SPF의 수치가 적당한지 확인한다.
- **롤러가 없을 때** : 머리를 고정해 주는 무스도 컬을 넣는데 도움이 된다. 축축한 머리에 무스를 바르고 섹션을 나눈 다음 머리를 뿌리부터 끝까지 꼬아준다. 그 다음 디퓨저로 천천히 말려주거나 자연스럽게 마르도록 놔둔다.
- **고데기가 없을 때** : 젖은 머리를 땋아주고 가능한 한 오래 놔두어 말리면-원하면 밤새 땋아 놓아도 괜찮다- 자연스러운 컬이나 웨이브가 생긴다. 단단하게 머리를 땋을수록 컬이 더 단단해 진다.
- **액세서리가 없을 때** : 휴가 동안 보석류를 사용해서 재미있는 헤어스타일을 연출해 보자. 가벼운 팔찌를 머리에 두르고 끝은 보비 핀으로 고정한다. 또는 브로치를 사용하면 머리 장식보다 두 배의 효과가 있다.

Successful styling
성공적인 스타일링

여러분의 외모, 라이프스타일에 어울리는 헤어스타일을 고르려면 컷을 비롯해 헤어컬러, 필요한 화학적 트리트먼트까지 고려해야 한다. 완벽한 스타일을 연출한다는 말은 그 스타일을 어떻게 유지하는지를 배워 매번 매력적인 스타일을 연출할 수 있도록 한다는 뜻이다. 오늘날 스타일링 제품이 굉장히 많지만 오히려 너무 많은 제품으로 어려움을 겪을 수도 있다. 또 언제 어떤 스타일을 해야 하는지를 아는 것뿐만 아니라 자신의 모발 타입과 머릿결에 따라 어떻게 연출해야 하는지를 알기도 매우 어렵다. 이제 다음에 나오는 가이드를 따라 연습해 보도록 하자.

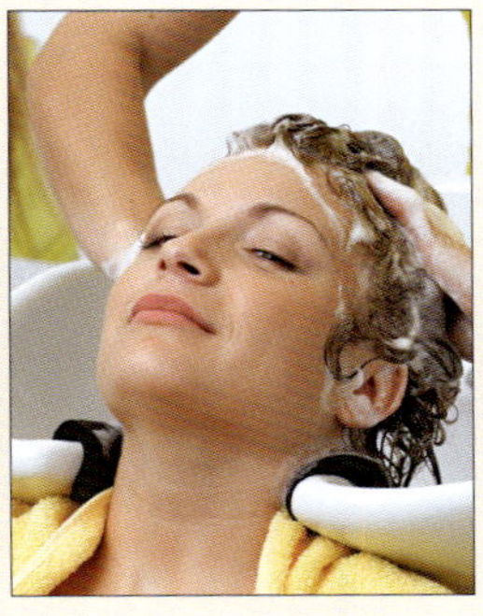

New style, new you 새로운 스타일, 새로운 변신

새로운 스타일을 찾는가? 신선한 컷, 헤어컬러, 다른 스타일링은 여러분의 자신감을 북돋아 주고 새로운 모습도 연출할 수 있다. 그러나 미용실에 들리기 전에 어떤 스타일을 원하는지 먼저 생각해보고 가도록 하자.

긴 머리를 짧게 자르거나 생머리를 퍼머넌트 머리로 또는 갈색머리를 금발로 극적인 변화를 원하는 많은 여성들은 큰 삶의 변화가 있기 마련인데 대개 어떤 관계가 끝났거나 새로운 직장을 찾았을 때 일 것이다. 이는 자유, 또는 다이나믹한 새로운 세상으로 들어가는 출발점이라 할 수 있겠다. 100% 확신이 서지 않는다면 지나치게 과감한 스타일은 피하는 것이 좋다. 머리가 자라는데 몇 달이 걸리기도 하고 쉽게 바꿀 수도 없다. 오늘의 용감함이 내일의 비참함이 될 수도 있다.

헤어스타일을 바꿔서 조금이라도 후회할 것 같으면 조금만 바꿔보도록 하자. 예를 들어 앞머리를 내리거나 올리던지 혹은 몇 가지 톤으로 머리를 염색해 봐도 좋다.

라이프스타일에 맞게 연출하기

이 책이나 잡지를 보다 보면 여러분의 나이와 지위에 맞는 스타일을 찾을 수 있다. 유행하는 스타일을 첨가해도 좋고 또는 헤어 디자이너에게 요즘 많이 하는 스타일을 참고해 해달라고 해도 좋다. 앞머리, 헤어컬러, 텍스쳐 등을 다양하게 할 수 있을 것이다.

날마다 머리 손질하는데 얼마나 많은 시간을 할애할 수 있는지 생각해보고 또 그 스타일을 얼마나 스스로가 잘 유지시킬 수 있는지에 대해서도 고려해 보아야 한다. 만약 스포츠나 수영을 한다면 매일 머리를 감아야 하고 훨씬 더 많은 시간을 할애해야 한다. 또는 바쁜 주부거나 직장인이라면 관리하는데 많은 어려움을 겪을 수 있다.

◀▲ 패션 잡지나 이 책을 통해 원하는 스타일을 찾을 수 있다.

◀ 평소 어떤 활동을 하느냐에 따라 머리가 길어야 하는지 짧아야 하는지가 결정된다. 스포츠를 많이 즐긴다면 머리를 뒤로 묶는 경우가 많을 것이다.

주의사항

실제 머리를 손질하기 전에 몇 가지 가능한 스타일을 미리 상상해 볼 수 있는 방법이 몇 가지 있다.

긴 머리를 해야 할지 짧은 머리를 해야 할지 모르겠다면 가발 한 두 개 정도를 써보고 느낌이 어떠한지 보자. 비슷하게 색다른 색으로 염색하고 싶다면 가짜 머리를 대보고 잘 어울리는지 확인해보자.

퍼머넌트 같은 경우 머리를 롤러로 세팅하거나 스펀지 롤을 사용해 컬을 만들어 미리 확인해 볼 수 있다. 좋은 미용실은 컷을 설명해 줄 뿐만 아니라 피부색과 관련하여 어떤 헤어컬러가 어울릴지 이야기 해준다.

다용도

새로 하는 스타일이 일할 때나 그렇지 않을 때 모두 잘 어울리는 스타일일지 헤어 디자이너에게 물어보도록 하자. 체육관에 갈 때 머리를 여전히 묶을 수 있는가? 짧은 머리를 잘 손질 할 수 있는가? 낮에 지적인 모습으로 차려 입을 때, 밤에 화려하게 차려 입을 때 모두 어울리는 스타일을 찾을 수 있는가?

미리 생각해보기

새로운 스타일을 했을 때 어떻게 손질할 지 미리 생각해 보자. 짧은 단발머리를 했다면 머리가 성장하는데 얼마나 걸릴 지 또는 길었을 때 어떤 스타일을 할지 미리 고려해 봐야 한다. 일자 단발머리가 짧은 쇼트커트 머리보다 더 빨리 자라는 경향이 있다.

헤어컬러는 어떠한가? 다른 색으로 염색을 했다면 나중에 뿌리가 자랐을 때 색이 확실하게 드러난다. 그러니 나중에 뿌리부분만 따로 염색할 수 있는 비용이 충분한지 아니면 몇 부분에만 하이라이트를 넣어야 더 실용적인지 생각해 봐야 한다.

만약 머리를 더 길게 하거나 풍성하게 연출해 색다른 스타일을 하고 싶다면 헤어 디자이너와 상담해 앞으로 몇 달 동안 어떤 스타일을 해야 좋을지 결정하자. 일자머리나 앞머리 내기가 싫다면 층을 많이 내도록 하자. 그러면 12개월 동안은 손질하지 않아도 된다. 그 기간 동안 또 다른 머리를 하고 싶다면 새롭게 손질하거나 잘라도 좋다.

▲ 새로운 스타일에 다양성이 있는지 생각해 보자. 낮부터 밤까지 여러 행사에 잘 어울릴 것인가?

새로운 스타일을 찾을 때 다음 몇 가지 사항을 기억하도록 하자.

- 왜 그 스타일을 하고 싶은가? 이 스타일이 정말 원하는 스타일이 맞는가?
- 내 머릿결, 볼륨, 길이 등이 하고 싶은 스타일에 잘 어울릴까? 미용실에서 상담하는 것은 무료이며 지금 현재 상태에 가장 잘 어울리는 스타일을 현실에 맞게 추천해 준다.
- 새로운 헤어컬러와 길이에 어울리는 옷이 있는가?
- 새로운 스타일을 유지하는데 얼마나 많은 시간이 걸리는가? 또 그 시간만큼 투자할 수 있는가?
- 친구, 잡지, 연예인들의 머리를 보고 영감을 얻도록 하자. 반드시 기억해야 할 사항은 그 스타일이 자신에게도 잘 어울리는가 이다.
- 지난 몇 년 동안 앞머리를 길러왔다고 하자. 이 새로운 스타일이 전과 같은 모습과 비슷한가? 아니면 새로운 다른 스타일로 가는 통로가 되는가?

Choosing a style 스타일 고르기

완벽한 스타일을 고를 때 각 얼굴형, 머릿결, 모발에 맞게 따라 하기 쉬운 많은 가이드라인이 있다. 가장 중요한 건 그 스타일을 했을 때 본인이 자신감을 얻고 만족할 수 있느냐이다.

패션은 매번 다른 트렌드와 아이디어가 함께 왔다 사라지곤 한다. 하지만 여러분이 여러분의 장점을 살릴 수 있는 스타일을 찾는다면 매우 활기차고 아름다워 보일 수 있다.

얼굴형

얼굴형에 대한 이해를 갖는다면 훨씬 쉽게 시작할 수 있다. 얼굴이 둥근형인가, 계란형인가 사각형인가 아니면 하트 모양 또는 긴 모양인가? 얼굴형을 먼저 파악하고 그에 맞는 컷을 한다면 얼굴의 다른 단점들을 최소화시키고 장점들을 부각시킬 수 있다.

그 효과는 굉장히 다양한데 얼굴을 훤히 드러내면 작은 눈을 커버해 준다던가, 눈썹 모양을 드러내고, 강한 턱 선이 부드럽게 보이고 또는 긴 턱을 짧게 보이게 하는 효과 등 다양하다.

자신의 얼굴형을 확실히 모르겠다면 머리를 뒤로 넘겨 거울을 앞에 두고 립스틱으로 얼굴의 윤곽선을 따라 거울에 그려보자.

다 그리고 나면 본인의 얼굴 모양이 사각인지, 둥근지, 계란형인지, 하트 모양인지 또는 긴지 잘 알 수 있다.

▲ 거울을 보고 얼굴형을 생각해 보고 얼굴형에 따른 어떤 특징을 부각하고 싶은지 생각해 봐야 한다.

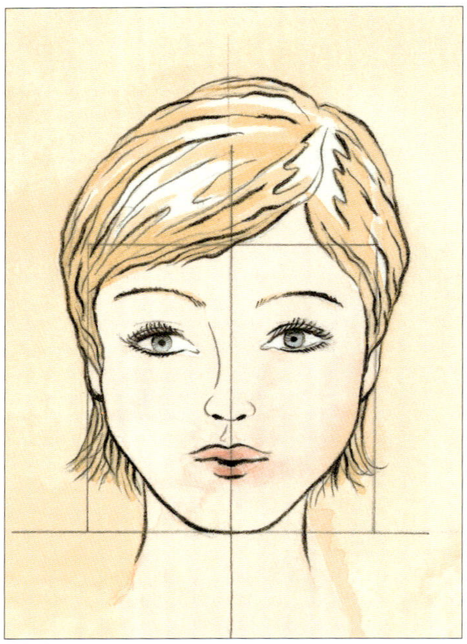

각진 얼굴형은 이마에 각이 지고 턱 선도 사각이다. 이 얼굴형에 가장 잘 어울리는 스타일은 층을 내고 굵은 웨이브나 컬을 넣는 것인데 그러면 딱딱한 선들과 분산되어 부드러움을 더할 수 있다. 가르마는 옆으로 타도록 하고 컬을 잘 풀어주면 된다. 그러나 일자 앞머리는 피하도록 하자.

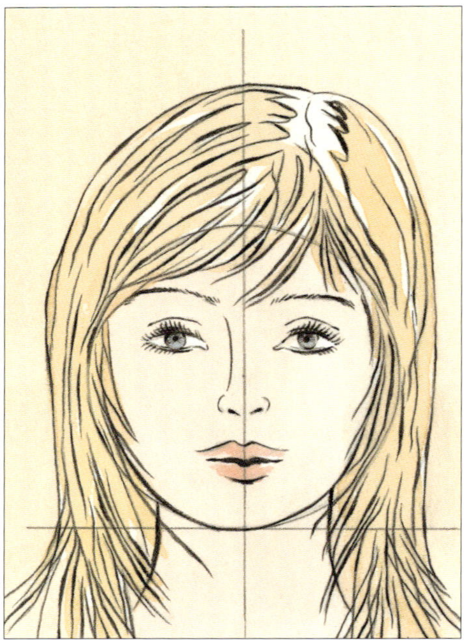

둥근 얼굴형은 이마와 턱 사이가 양 볼까지의 길이와 같다. 머리는 길게 층을 내어 넣은 얼굴을 갸름하게 보일 수 있도록 한다. 짧은 단발이 긴 머리보다는 더 나은 반면 앞머리는 짧아야 얼굴이 더 길게 보인다.

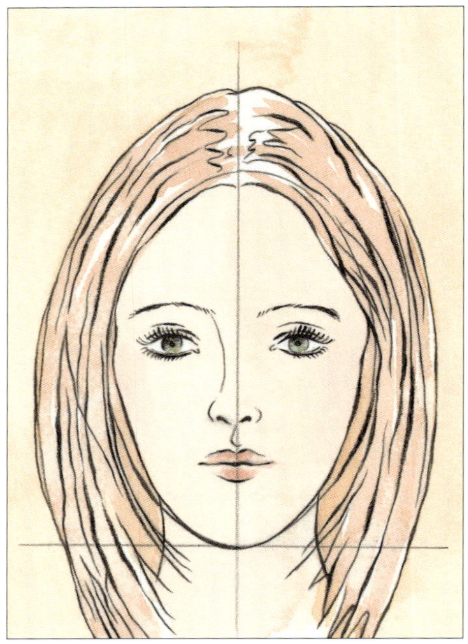

계란형 얼굴은 광대뼈가 넓고 턱으로 갈수록 좁아지고 작아지는 얼굴형이다. 많은 전문가들은 이 얼굴형이 완벽한 얼굴형이라고 말하는 이유는 어떤 스타일도 소화해 내기 때문이다. 이제 얼굴 특징을 살펴보자. 입, 눈, 광대뼈, 코가 부각되는 것을 선호 하는가?

◀ 완벽한 머리 스타일은 여러분의 옷, 체형에도 잘 어울려야 한다.

스타일 결정

새로운 스타일을 찾을 때 자신의 체형과 생활을 들여다 볼 필요가 있다. 전통적인 풍성한 체형이라면 너무 단정하고 깔끔하게 가지 않도록 하자. 작은 머리를 부각하면서 하체 부분이 주목되고 심지어 힙 부분이 더 넓어 보일 수 있기 때문이다. 작은 체형의 여성은 너무 풍성한 컬은 피하도록 하자. 머리가 더 커 보여 몸의 비율과 균형을 이루지 못하기 때문이다.

안경을 쓴다면 안경테와 어울리는 스타일을 찾도록 하자. 큰 안경테를 쓰고 있다면 단정하게 층을 낸 머리가 잘 어울리고 테가 얇다면 너무 풍성한 헤어스타일은 자제해야 한다. 미용실에 갈 때 반드시 안경을 가져서 안경테와 어울리는 컷을 할 수 있도록 하자.

동안으로 보이고 싶다면 깔끔하고 세련된 컷을 해보자. 헝클어진 스타일과 캐주얼한 스타일이 조합되면 훨씬 더 어려 보일 수 있다.

지나치게 단조로운 스타일은 피하자. 때때로 새로운 스타일을 연출해서 자신에게 에너지를 충전할 기회를 주어도 좋다. 과한 변화가 아니어도 좋다. 하지만 컷이나 색깔을 다양하게 해서 자신의 외모를 더 빛내고 기분도 한층 업그레이드 시켜보자.

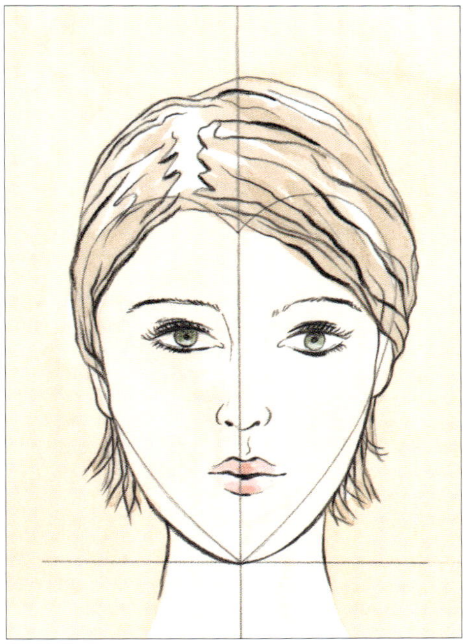

하트모양 형은 눈가가 가장 넓고 턱 쪽으로 올수록 좁아지는데 이는 볼의 넓이와 균형을 이룬다. 귀 밑까지 오는 단발머리는 매우 잘 어울린다. 또는 볼 쪽의 컬, 층을 낸 부분에 볼륨을 넣어주면 좋다.

직사각형 얼굴은 높은 이마와 긴 턱으로 구별 되는 얼굴형이기에 상대적으로 넓게 보일 수 있는 컷을 해야 한다. 짧게 층을 내서 부드러움을 더하던지 또는 단발머리에 앞머리를 내도 좋다. 긴 얼굴형에 맞게 머리를 털면서 말리던지 컬을 넣어 주면 좋다.

특징 가리기

헤어스타일로도 특히 싫어하는 신체부위를 가릴 수 있다.

- **돌출된 코** : 스타일에 부드러움을 더해보자
- **뾰족한 턱** : 턱 선 쪽의 머리에 볼륨을 넣어보자.
- **낮은 이마** : 앞머리를 조금 내는 것이 많이 내는 것 보다 낫다.
- **높은 이마** : 앞머리로 넓은 이마를 가릴 수 있다
- **푹 들어간 턱** : 턱 쪽에 웨이브나 컬을 넣으면 보완할 수 있다.
- **고르지 못한 헤어 라인** : 앞머리를 내면 헤어 라인을 가릴 수 있다.

Choosing a hairdresser 헤어디자이너 고르기

완벽한 컷, 눈에 띄는 새로운 스타일, 화려한 머리를 하고 싶을 때 가장 중요한 건 모발의 건강과 생동감이다. 믿고 머리를 관리해 주고 컷과 염색을 해줄 헤어 디자이너를 찾는 것이 굉장히 중요하다.

미용실에 가면 돈이 많이 들 수 있으나 그 결과는 훨씬 더 오래 지속 될 수 있으니 여러분에게 맞는 스타일을 찾기 위해 시간을 들이는 시도는 그만큼 가치가 있다고 할 수 있겠다.

헤어디자이너 활용

헤어디자이너는 컷, 염색, 스타일링, 머리 관리법에 대해 전문적으로 배운 사람들이다. 그러나 그들 또한 얼굴형에 맞는 스타일을 찾기 위해선 연습하는 시간이 필요하며 모발 타입과 텍스쳐에 따른 손질방법 및 피부 톤과 혈색에 따라 염색할 색을 고르는 연습도 충분히 해야 한다. 뿐만 아니라 패션 트렌드, 새로 나온 제품에 대해 잘 알고 있어야 좋은 헤어디자이너이다.

미용실에 가기 전 항상 헤어디자이너와 상담할 것을 생각하고 가야 한다. 상담의 목적은 여러분이 원하는 스타일을 찾고 그에 맞게 적절하고 효과적인 서비스를 제공받기 위함이다.

미용실 고르기

미용실을 찾을 때는 입소문이 단연 최고다. 자신이 예쁘다고 생각하는 헤어스타일을 한 주위 친구들에게 물어보자. 다음 몇 가지 실제적 문제에 대해 생각해보자. 어떻게 미용실에 갈까? 주차 공간은 있는가? 약속시간이 적절한가? 주말 또는 밤늦게까지 여는가? 밖에서 보이는 미용실의 모습이 다가 아닐 수 있음을 꼭 기억하자. 안에 들어가서 스타일리스트와 반드시 이야기를 나눠보자. 기꺼이 도와줄 것이기에 부끄러워 할 필요가 없다.

▶ 미용실에 가는 것은 편안하고 즐거워야 한다. 그러니 좋지 않은 서비스를 받을 때 참을 필요는 없다.

좋은 미용실을 만드는 요인

훌륭한 헤어디자이너는 당신이 예약한 순간부터 떠나기 직전까지 최선의 서비스를 제공해 주는 사람이다. 미용실에 갈 때 머리를 잘하는 헤어디자이너를 찾을뿐만 아니라 서비스도 좋은지 반드시 확인해야 한다. 미용실은 여러분에게 안락함과 안전함을 제공해 주어야 하며 특히 염색이나 퍼머넌트를 할 때는 더더욱 그렇다. 스타일리스트를 포함해 청결도 굉장히 중요하다.

컷을 잘 한다는 것이란?

집에서 손질하기 쉬운 컷이 잘된 컷이다. 그만큼 심플해야 한다. 미용실을 떠난 순간부터 1주일 후에도 여전히 만족스럽다면 좋은 신호임이 분명하다.

조언을 얻으려면?

헤어디자이너와 좋은 관계를 맺는다. 그들은 사람의 마음까지 읽을 수 없다. 그러니 의견을 잘 전달하여 좋은 서비스를 받을 수 있도록 해야 한다. 하고 싶은 머리가 있다면 사진을 보여주어도 좋고 예전에 즐겨 하던 스타일의 사진을 보여주어도 도움이 된다.(이 책, 갤러리 섹션의 한 부분을 헤어 디자이너에게 보여줄 수도 있다.) 본인의 라이프스타일에 대해 설명하고 매일 머리 손질하는데 어느 정도 시간을 할애 할 수 있는지도 이야기하도록 한다. 매일 외출하기 전 스타일링에 투자할 시간이 많지 않다면, 많은 손질이 필요한 스타일은 좋지 않다.

모든 미용실은 여러분 모발에 쓰이는 제품에 관심이 있다. 전문 제품들은 효과가 좋은 만큼 값도 비싸다. 그러니 어떻게 해야 최상의 효과를 낼 수 있는지 확실하게 파악하도록 한다. 자신의 머리 손질방법에 대해 명확하게 말하고 두피나 모발상태에 관한 어떤 문제점이라도 헤어디자이너와 상의하도록 하자.

좋은 서비스를 받는 방법(가이드 라인)

- 제시간에 도착한다.
- 공정해 지자.
- 피드백을 준다.
- 충고를 잘 받아들인다.
- 예약을 취소해야 한다면 미리 알려준다.
- 스타일리스트에게 재촉하지 않는다.

▲ 대부분의 미용실은 고객이 원하는 사항을 채워주고 관심을 보이며 또한 편안함을 느낄 수 있도록 하려고 한다. 또한 이런 자신들의 서비스에 자부심을 가진다.

▲ 고객과 스타일리스트 사이의 좋은 관계를 성립하기 위해서는 서로간의 노력이 필요하며, 이는 그럴만한 가치가 있다.

불만이 있을 때

어떤 이유이던지 간에 만족스럽지 못할 때는 반드시 이야기 해야 한다. 헤어 디자이너 또는 미용실 주인은 고객들의 소비가 아닌 고객들의 만족에 힘입어 운영하는 사업이다. 그러니 그 사람들은 결과가 좋은지 또는 어떤 문제가 있었는지에 대해 항상 궁금해 한다.

가장 좋은 결과를 얻기 위해서는 무엇이 잘 됐고 잘 안됐는지 명확하게 이야기해야 한다. 컷, 컬러, 서비스, 트리트먼트, 또는 가격 등 맘에 안 드는 부분이 있는가? 그러나 불평을 이야기 할 때에는 다음 사항들을 기억하도록 하자.

- 차분하게 이야기 한다.
- 매니저를 부른다.
- 무엇을 기대했는지 이야기 한다.
  (헤어스타일, 서비스, 가격 등)
- 기대한 바와 무엇이 다른지 설명한다.

미용실을 떠난 후에 만족스럽지 않다면 가능한 한 빨리 전화를 해서 매니저와 통화한다. 그래서 어떤 부분이 기대에 못 미쳤는지 설명한다.

퍼머넌트가 잘 안됐다면 다시 퍼머넌트하는 것은 피해야 한다. 문제를 더 심각하게 만들 수 있기 때문이다. 치료법은 머리에 집중 트리트먼트를 해주는 것이다. 이는 미용실에서 무료로 해 줄 수도 있다. 그 후 다른 퍼머넌트나 염색을 할 수 있는 상태가 될 때까지 기다려야 한다. 긴 머리라면 조금 오래 걸릴 수도 있다. 따라서 머리를 자르거나 손상된 부분을 잘라 내는 시도도 고려해 봐도 좋다.

만약 심각한 손상, 예를 들어 간지럽다거나 두피에 화상을 입었다거나 물집이 잡혔거나 또는 베이거나 모발손상이 있다면 즉시 주치의나 모발전문가에게 가서 치료를 받도록 하자. 불만을 제기하거나 보상을 요구할 수 있다고 이야기할 경우 그 문제점들을 잘 분석해서 세세하게 적어 미용실에 갖다 준다. 머리가 길고 수포가 없어지고 나면 기억하지 못할 수 있으므로 빠르게 행동으로 옮기도록 하고 필요하다면 증거로 쓸 수 있도록 사진을 찍어 두어도 좋다.

Cutting hair 헤어 컷팅

머리를 잘 자르기 위해선 전문적인 스킬이 요구된다. 원하는 컷을 하기 위해서는 어디에 무게를 두고 볼륨을 넣어야 하는지 또 어느 부분을 잘라내서 라인의 균형을 이루고 장점은 부각하고 단점은 가릴 수 있는지 알아야 한다.

머리가 자랄 때 동일하게 자라지 않기에 머리 컷의 모양이 빨리 망가질 수 있다. 그러므로 일반적으로는 짧은 머리는 4주마다 한 번씩 다듬어 주어야 하고 긴 스타일은 6~8주마다 잘라주어야 한다. 또 머리를 길고 싶을 때는 정기적으로 잘라주어야 하는데 적어도 3달에 한 번씩 잘라주어야 한다. 그래야 끝 길이가 같아진다. 컷 방법에는 매우 많은 방법이 있는데 스스로 자르지는 않더라도 테크닉을 이해하고 있으면 헤어디자이너와 의견을 나누는데 더 도움을 얻을 수 있다.

클래식 컷

헤어디자이너는 클래식 컷의 기본적인 스킬을 배우는데 모두 여러 모양으로 자를 수 있는 다양성을 가졌다.

- 일자 단발은 페이지보이라고도 불리는 컷이다. 이 컷은 머리끝이 일자이면서 길이가 같은데 보통 어깨정도에 닿는 스타일이다. 머리숱이 많아 보이고 싶은 경우 하면 좋은 스타일이다. 클래식한 단발의 다양성은 개성에 따라 달라질 수 있는데 예를 들어 앞머리를 뒷머리보다 길게 하던지 혹은 그 반대로 해도 좋다. 또한 머리끝이 부드럽게 떨어지기에 길이가 점점 올라가거나 내려오게 자를 수 있다. 단발은 앞머리를 내도되고 내지 않아도 되며 가르마도 중앙이나 옆 자유롭게 탈 수 있다. 머리를 말릴 때 브러시를 사용하여 안으로 말아주거나 가는 빗을 사용해 쫙 펴주어도 좋다.
- 긴 일자 단발머리는 어깨 아래로 내려오는 스타일이다. 앞머리를 내거나 내지 않을 수도 있고 머리를 말릴 때 쫙 펴주거나 안으로 말아주어도 괜찮다.
- 층을 낸 머리는 길이가 똑같은 머리끝 둘레를 잘라서 위의 층이 아래 층 낸 머리보다 위에 떨어지는 스타일이다. 이 스타일은 머리숱이 많을 때 가볍게 보일 수 있고 짧든 길든 어느 길이에서도 층을 낼 수 있다.
- 그레듀에이션(graduation)은 아랫머리보다 윗머리를 짧게 쳐내는 테크닉을 말한다. 이 테크닉으로 머리를 자를 때 그 양은 많아도 좋고 적어도 좋다. 또 반대로 아랫머리를 윗머리보다 짧게 쳐 내도 상관없다. 이 기술은 머리 모양을 만드는데 있어서 아주 중요한 테크닉이다.
- 스퀘어 레이어 컷(a square–layered cut)은 가끔 박스 레이어(box layers) 또는 그레듀에이션(graduated layers)레이어라고도 불리는데 이는 레이어와 그레듀에이션을 섞어 잘라내는 기술이다. 이 테크닉이 스퀘어 레이어라 불리는 이유는 머리를 다 넘겼을 때 사각 모양이 되기 때문이다.
- 라운드 레이어 컷(a round layered cut)은 프렌치 단발머리라고도 불리는데 이는 가장 기본적인 레이어 모양으로 컷이 둥근 층으로 이루어져 있어 부드러운 모양을 만들어 낸다.

[시계방향으로 위에서 왼쪽으로]
앞머리를 낸 그레듀에이션 컷, 앞머리를 낸 긴 단발머리, 짧게 앞머리를 낸 레이어드 컷, 긴 일자머리

▲ 앵글링 가위는, 특징적으로 마무리를 짓고 싶을 때, 머리 끝 부분에 블런트 라인이나 칩을 넣을 수 있다.

▲▲ V형 헤어라인(widow's peak)은 적절하게 컷을 해 줄 경우 매우 매력적으로 보일 수 있다.
▲ 쌍가마의 경우 머리를 손질하거나 가르마를 탈 때 힘들 수 있다. 따라서 어떻게 머리를 컷 해야 하는지, 헤어 디자이너의 신중한 결정이 매우 중요하다.

컷 테크닉

머리를 자르는 기술은 원하는 스타일에 따라 다양하지만 기본적으로 헤어 디자이너가 사용하는 테크닉은 비슷하다.

- **블런트 컷팅(blunt cutting)**은 머리끝이 일자가 되는 컷인데 머리를 일자로 자르거나 선을 명확하게 보이게 할 때 사용된다.
- **포인트 커팅(point cutting)**은 가위를 위로 세워 일자 라인을 잘라서 모양을 내는 테크닉이다.
- **슬라이드 커팅(slide cutting)**은 숱이 많은 머리를 가볍게 보이게 하며 부드러움을 더해준다. 이 테크닉은 머리를 말렸을 때 가위를 열어 슬라이스로 머리를 잘라낸다.
- **레이저 커팅(razor cutting)**은 말 그대로 가위대신에 면도칼을 사용하는 것인데 면도칼로 자르면 끝을 부드럽고 뾰족하게 자를 수 있다. 또한 안으로 모양을 만들어 내기에 머리가 한결 자유롭게 흩날리고 짧은 머리에도 사용될 수 있다.
- **숱 쳐내기(thinning)**는 가위 또는 면도칼로 할 수 있는데 길이는 건드리지 않은 채 무거워 보이는 곳을 잘라내는 기술을 말한다.

컷 잘하기

헤어 연출의 예술은 여러 다양한 테크닉을 이용해 고객의 모발 타입과 머릿결에 맞는 컷을 하는데 있다. 다음은 컷할 때 가장 흔히 사용되는 방법들이다.

- 얇고 머리숱이 없는 모발은 블런트 커팅을 사용한다.
- 중간 길이의 머리는 가볍게 층을 쳐서 볼륨을 넣어주면 좋다. 짧고 얇은 모발은 블런트 컷으로 잘라주고 머리끝에 그레듀에이션을 넣어 생동감을 준다.
- 몇몇 헤어 디자이너들은 면도칼로 잘라 얇은 머리숱에 볼륨을 더해주는 효과를 얻는다. 모발이 얇을 때 너무 길게 놔두는 것만이 능사는 아니다. 어깨에 닿을 정도가 되면 지저분해 보이는 경향이 있다.
- 모발이 굵은 타입은 머리를 많이 쳐 내서 스타일링 한다. 머리카락이 부분적으로 튀어나올 수 있는 너무 짧은 머리는 피하자. 층을 주면 더 생동감 있어 보일 것이다.
- 층을 내면 머리가 한결 가벼워 보인다. 짧은 머리는 끝만 가위를 펼친 채로 층을 내도록 하자.

스타일링 문제

가끔 머리가 각기 다른 방향을 길어서 스타일링 하는데 문제가 있는 경우도 있다.

- 이마 쪽에 나는 머리(cowlick)는 머리가 회오리 방향으로 자랄 때 헤어라인 근처에 자라는데 뒤에서 앞쪽으로 자라는 경향이 있다. 이쪽 부분을 잘 자르면 머리가 다시 자라면서 문제를 해결할 수 있다.
- 쌍가마(double crown)는 머리 위에 가마가 두 개 있을 때를 말한다. 이런 경우 정수리 부분의 머리를 세워 스타일링 하는 방법이 가장 적절하다.
- V자형 머리선(Widow's peak)은 이마 쪽의 헤어라인이 V모양일 때 일컫는 말이다. 이 라인 반대로 머리를 넘기면 자연스러운 웨이브의 느낌을 연출할 수 있다.

Did you know?

대부분의 미용실은 앞머리 다듬는 정도는 무료로 해주는 경우가 있다. 미용실이 아주 바쁘지 않을 때에 예약해서 들려보자.

Colouring hair 헤어 컬러링

아름다운 머리는 머리의 상태와 헤어컬러에 따라 결정된다. 타고난 아름다운 머리색을 가지고 있을지라도 염색을 통해 머리를 한결 더 아름답게 만들 수 있다. 여러분도 옷에 맞춰 머리색을 바꾸고 싶을 때가 종종 있을 것이다. 좋은 소식이 있다. 당연히 가능하다!

기술발달로 머리염색은 제품의 효과와 다양한 컬러 선택까지 가능해졌다. 여러분은 임시, 세미 영구 혹은 영구적으로 헤어컬러를 바꿀 수 있는데 지속되는 시간은 원래 헤어컬러에 따라 달라질 수 있다.

색 농도의 차이

전문 염색은 국제 수치를 따르게 되어 있다. 먼저 첫 번째 번호는 원래 모발 색을 가리키는데 0(자연 블루/블랙)부터 9(밝은 금발)까지 있다. 그 다음 두 번째 숫자는 머리의 톤을 가리킨다. 얘를 들어 0은 흐린데 비해 7은 보라색이다. 세 번째 번호는 두 번째 톤을 가리키는데 6은 다크 블론드, 6.4는 다크 코퍼 블론드, 6.46은 다크 코퍼 레드 블론드를 가리킨다. 원하는 색을 내기 위해 위의 번호를 알아두면 훨씬 유용하다.

피부 테스트

많은 제품에 들어 있는 파라다이(para-dyes) 같은 성분 때문에 알레르기가 일어날 수 있으므로 염색 전에 피부 테스트를 해보자. 알레르기 반응은 가벼운 가려움증에서 심각한 화상까지 다양하다. 헤어 디자이너는 염색하기 24시간 전에 피부 테스트를 해야만 하고 집에서 염색할 수 있는 제품은 대부분 피부 테스트를 할 수 있는 제품이 들어 있다. 제품을 조금 덜어 맥박이 확실한 곳(귀 뒤 또는 팔꿈치)에 덜어 최소 24시간 놔둔 채 아무 알레르기 반응이 없는지 알아보도록 한다.

영구 염색

영구 염색은 머리를 밝게 할 수도, 검게 할 수도 있는데 흰머리에 특히 효과적이다. 색이 영구적으로 지속되지만 뿌리는 4~6주마다 다시 염색해 줘야 하는 것을 잊지는 말자.

영구 염색은 과산화수소에 색소를 섞어 모표피와 모간에 발라 준다. 이 색소는 브라운 및 갈색 톤에는 멜라닌을 더해주고 레드와 옐로 톤에는 페오멜라닌을 더해준다. 염색을 하고나면 산소가 염색약에 있던 색소가 큰 분자로 만들어질 때까지 팽창한다. 그러면 그 분자는 모표피에서 분리되지 않고 갇히게 된다. 또 다른 영구 염색의 방법은 과산화수소를 사용하여 탈색하는 방법인데 이 때 머리는 금발 색이 된다. 과산화수소는 암모니아가 모표피를 들어 모간에 흡수되는데 한 번 안에 흡수되면 모발의 색소를 없애고 밝은 색으로 만든다. 이 방법은 모발에 안 좋을 수 있으니 세심한 관리가 필요하다. 너무 과하게 탈색하면 모발을 손상시킬 수 있기에 조심해서 하도록 한다. 이런 이유로 전문적인 탈색 과정을 따르는 것이 더 현명하다고 할 수 있다.

◀ 염색과정은 본래 모발의 윤기를 더 빛내주며 상태도 더 좋게 할 수 있다. 또한 모발이 매우 건강하고 매력적으로 보이는 효과도 있다.

▲ 이러한 색상견본들이 보여주듯이, 새로운 머리색을 바랄 때, 선택할 수 있는 다양한 톤들이 있다.

세미 영구 염색

세미 영구 염색은 영구 염색보다는 덜 손상되는 방법인데 암모니아나 과산화수소를 사용하지 않기 때문이다. 모표피 사이로 흡수되는 대신 두피 위에 남아 씻어 내면 없어진다. 이 방법은 헤어컬러를 어둡게 할 때만 사용되는 방법이다. (반영구 염색으로 머리색을 밝게 할 수 없다) 염색은 점점 바래지며 샴푸로 몇 번 씻으면 (12~20번 정도, 모발의 타입과 제조회사마다 다르다) 없어진다. 세미 영구 염색은 큰 변화는 주고 싶으나 영구적으로 염색하고 싶지 않을 때, 흰머리를 처음 염색할 때, 또는 머릿결을 보호하고 싶을 때 좋은 방법이다.

반 영구 염색

반 영구 염색은 영구 염색과 세미 염색 방법 중 간쯤 되는 것으로 과산화수소를 조금 사용하고 암모니아는 사용하지 않는 방법이다. 반 영구 염색은 색소를 없애지는 않으나 모간 부분의 색을 보존해 주어서 머리 원래 색을 더 강조해 준다. 영구 염색을 했을 때처럼 뿌리부분이 다시 자랐을 때 많이 티 나지 않는데 이는 원래 머리색이 바뀌었다고 하기 보다는 영구 염색보다 첨가된 색이 다양하기 때문이다. 그러나 20번 정도 감고 나면 색이 없어진다.

단기 염색(temporary colors)

단기 염색은 1~5번 정도 머리를 감으면 색이 연해지는데 이는 모발의 다공성에 따라 다를 수 있다. 이 염색은 모발의 표면 또는 두피의 층을 코팅하는 방식인데 과산화수소는 사용하지 않기에 모표피에 흡수되지는 않는다. 모발이 손상된 경우 표피가 열려있기 때문에 색의 분자가 모발에 남아있을 수 있다.

이런 경우 염색하기 전에 머리에 컨디셔닝을 잘 해주어 두피를 부드럽게 해주어야 한다. 단기 염색은 빠른 변화를 원하거나 색을 중화시킬 때 유용하다. 단기 염색은 무스, 헤어스프레이, 로션, 젤, 반짝이 크림 형태로 나온다.

Did you know?

- 염색은 모간을 팽창시켜 얇은 모발을 두껍게 만든다.
- 염색하게 되면 모발의 다공성이 변해서 윤기를 더해준다.
- 밝은 톤으로 염색하면 빛을 더 잘 반사하기에 머리숱이 더 많아 보이는 효과가 있다.
- 하이라이트는 숱이 적은 모발에 텍스쳐를 더해주고 숱이 많은 모발은 무게감을 없애준다.

▼ 염색 할 때는 많은 방식이 있는데, 머리 전체에 하이라이트를 넣을 때 호일을 사용하는 방법이 가장 대중적이고 좋은 방법이다.

▼ 염색약은 각자가 원하는 명암, 톤, 색의 밝기대로 섞어 사용할 수 있다. 전문적으로 염색하는 사람들은 진정 예술가라 할 만 하다.

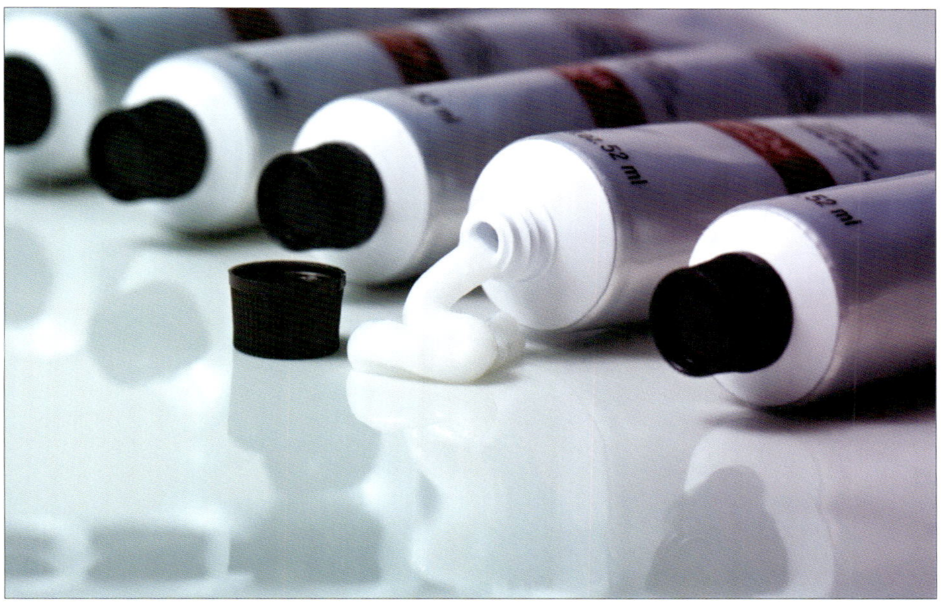

Choosing a colour 컬러 선택하기

처음으로 머리에 과감한 변화를 주고 싶어서 염색을 고려해 본적 있는가? 아니면 새로운 스타일을 해보고 싶은가? 그런데 어떤 스타일을 골라야 하는 걸까? 그럴 때 친구나 전문가한테 상담을 해보자. 가끔 집에서 손질하기 전에 미용실에서 무료로 상담할 수 있다.

염색할 때 기본사항

염색하기 전에 몇 가지 고려해야 할 기본 사항들이 있다.

- 피부 톤을 먼저 고려하자. 자연스럽게 연출 하고 싶다면 피부 톤과 반대되는 색을 고르면 안 된다.
- 컬러를 고를 때 원래 컬러 톤에 한 단계 혹은 두 단계 정도 차이 나는 색을 고르는 것이 기본 규칙이다.
- 모발상태가 좋을 때 염색하도록 하자. 그렇지 않으면 건조하고 다공성의 모발이 색을 너무 빠르게 흡수시켜 골고루 염색되지 않고 부분적으로 염색 될 수 있다.
- 부분적으로 하이라이트를 주거나 어두운 색으로 염색해 주면 너무 무겁지 않으면서도 자연스럽게 컬러를 연출할 수 있다.
- 단기 염색은 원하는 색을 테스트 해보는데 가장 좋은 방법이다.
- 톤 온 톤(tone on tone) 테크닉은 흰머리를 자연 모발 색으로 염색할 때 사용하는 방식인데 골고루 염색이 된다. 이는 2~4주정도 지속되며 머리에 윤기와 생동감을 더한다.
- 염색 견본 사진과 컬러리스트 차트에 있는 염색 모발 견본을 비교해 본다.

하이라이트와 로우라이트(highlights and lowlights)

이 용어는 머리에 부분적으로 밝은 색 또는 더 어두운 색으로 염색하는 방법을 의미한다. 가끔 머리숱이 많거나 곱슬머리일 때 얇게 염색하기도 한다. 이 효과는 특히 전문가의 손길을 거쳤을 때 더 뛰어나다. 머리 전체에 밝은 컬러를 넣어주면 얼굴이 훤해지고 검은 눈동자를 부각할 수 있다. 반대로 어두운 색을 넣어주면 밝은 색의 눈동자를 강조해준다.

천연 염색

허브, 식물 등을 사용하여 천연염색을 하게 되면 반영구적으로 하이라이트나 로우라이트를 넣을 수 있다. 두피에 완전히 흡수되는 방식은 아니어서 흰머리를 완전히 덮는다거나 드라마틱한 효과는 기대할 수 없다. 머리의 활력성과 내구성은 모발상태 및 색의 농도에 따라 달라진다. 뿐만 아니라 천연 염색에 사용하는 재료의 질도 영향을 미치는데 이는 원래 모발의 색과 모발의 다공성에 결합되는 정도가 다르기 때문이다.

물론 헤나가 가장 널리 쓰이는 천연 염색 방법이긴 하나 천수국 꽃잎, 정향, 대황 줄기, 차 잎으로도 염색이 가능하다. 헤나는 원래 모발의 하이라이트 부분을 더 밝게 보이게 하며 색감이 더 풍부해지도록 한다. 오늘날 물에 섞어 쓰는 파우더 형식부터 페이스트(paste) 형식까지 다양하게 나온다. 색은 점점 옅어 지긴 하지만 자주 해주면 색이 더 강해지고 오래 지속되는 효과를 볼 수 있다. 적갈색 혹은 검은 머리에 헤나 염색을 하면 사랑스럽게 빛나는 적색이 되며 더 밝은 모발이라면 금갈색 머리가 된다. 그러나 헤나는 금발 머리에 적당하지 않다는 것을 알아두자. 또 모발의 20%이상이 흰머리 혹은 옅은 색이거나 블리치 및 하이라이트를 넣은 머리라면 오렌지색이 된다는 것을 알아두자!

집에서 염색하기

많은 사람들이 싸고 편리하다는 이유에서 집에서 염색하기를 선호한다. 오늘날 집에서 염색을 해도 색이 잘 나오긴 하지만 여전히 미용실에서 할 때보다 더 어렵고 색도 잘 나오지 않는 경우가 많다. 염색은 어디에서, 왜 그곳에서 해야 하는지를 파악해야 한다. 특히 하이라이트 같이 복잡한 과정을 거쳐야 하는 염색을 하고 싶다면 미용실에 가도록 하자. 그러나 조심해서 잘 하기만 한다면 집에서 해도 꽤 좋은 결과가 나올 수도 있다. 집에서 할 경우 설명서를 잘 읽고 정확하게 따라 하는 것도 중요하나 그 외에 지켜야 할 기본사항이 있는데 이는 다음과 같다.

◀ 염색을 하기 전에 항상 모발의 상태를 잘 확인해야 최상의 결과를 낼 수 있다.

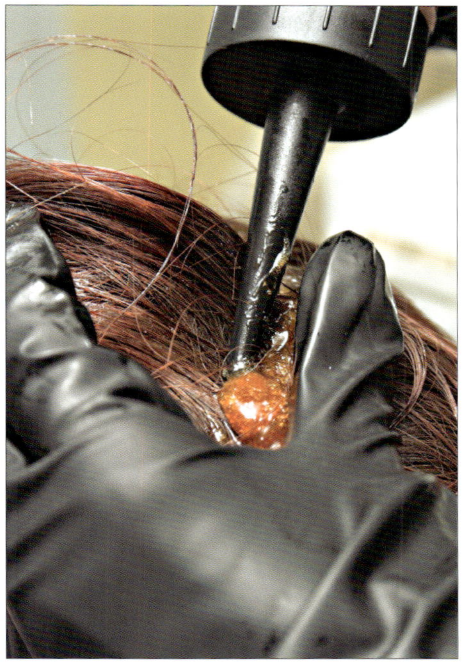

▲◀ 염색은 머리가 어떤 색이든 완벽한 색을 만들어 낼 수 있다. 심지어 머리가 100% 백발일지라도 말이다. 미용실에 가서 상담을 하거나 올바른 제품을 찾아보자.
▲ 피부가 염색약을 흡수할 수 있으므로 꼭 장갑을 끼도록 하자.

- 염색하기 전에 피부에 먼저 테스트를 해보고 알레르기 반응이 있는지 없는지 먼저 확인해야 한다. 알레르기 반응이 일어날 경우 매우 고통스러우니 위험을 감수하지 말고 반드시 테스트를 해야 한다.
- 타사 제품과 섞어 사용할 경우 염색이 잘 안 될 수 있으니 주의한다.
- 너무 과하게 염색이 되지 않도록 설명서에 나와 있는 시간은 잘 지킨다.
- 염색한 경험이 많이 없다면 반영구 염색을 먼저 시도해본다.
- 색을 잘 고르고 항상 원하는 색보다 조금 밝은 색을 고른다. 집에서 염색을 할 경우 제품의 색상보다 어둡게 나온다.
- 염색약이 골고루 발라졌는지 다른 사람한테 봐달라고 부탁한다.
- 염색약은 피지가 두피를 보호해 줄 수 있도록 머리에 아무것도 바르지 않은 상태에서 바른다.
- 헤어라인에 크림 또는 바셀린을 발라서 피부에 염색약이 닿지 않도록 한다.

흰머리

만약 부분적으로 난 흰머리를 가리고 싶다면 단기 염색이나 반영구 염색을 선택하도록 한다. 단기 염색은 1~5번 정도 감으면 없어지고 반영구 염색은 6~12번 정도 감으면 없어진다.

톤은 원래 모발 색에 가까운 색을 고르는 것이 좋은데 원래 머리색이 브라운이라면 밝은 밤색을 고르도록 하자. 또는 헤나를 사용해도 되는데 머리에 윤기를 더해 줄 뿐만 아니라 빨간 색으로 하이라이트를 넣어 줄 수 있다. 만약 머리에 흰머리가 많다면 더 오래 지속되는 톤 온 톤(tone on tone) 방식을 사용하자. 이는 20번 정도 감으면 없어지고 또 모발이 빛나는 효과를 볼 수 있다.

머리가 완전히 백발일 경우 영구 염색을 하는 것이 좋은데, 이 염색을 할 경우 4~6주마다 다시 염색을 해줘야 한다. 자연스럽게 흰머리를 보이게 하고 싶다면 단기 염색을 하는 것이 좋은데 이런 경우 토닝 샴푸, 컨디셔너, 스타일링 제품을 사용하여 머리에 뻣뻣함은 없애고 윤기를 더해 줌으로써 원래 모발 색을 더욱 빛나게 해준다.

염색한 모발 관리하기

염소 및 소금 물, 발한, 날씨 등은 염색한 후 색을 옅게 하는 원인인데 특히 빨간 머리일 경우 더 심하다. 하지만 자외선 차단제와 같은 제품을 사용하면 햇빛으로부터 색을 보호할 수 있다. 다른 방법으로는 수영장에 다녀온 후 염색 전용 샴푸로 머리를 감으면 좋은데 염소가 첨가된 물 사이에서 하나의 벽 역할을 해주기 때문이다. 컨디셔너는 그 후에 해주도록 한다. 샴푸 후에는 부드럽게 물기를 없애 주는데 너무 심하게 문지르면 색이 없어질 수 있으므로 살살 문질러 준다. 마지막으로 적어도 한 달에 한 번은 인텐시브 컨디셔닝 트리트먼트를 해주도록 한다.

▶ 집에서 염색할 때 염색약을 섞을 통과 브러시를 갖추어야 쉽게 할 수 있다.

탈색

염색한지 꽤 됐거나 원래 머리색으로 돌아가고 싶다면 전문 헤어디자이너와 상담해 보자.

Chemical treatments 화학제품을 사용한 트리트먼트

모든 여성은 늘 생머리는 곱슬머리로, 곱슬머리는 생머리로 바꾸고자 하는 열망을 가지고 있다. 머리를 감기 전까지 다른 머리 스타일을 할 수는 있으나 매우 많은 노력이 필요하며 관리가 필요하기에 많은 시간이 소요되기 마련이다.

퍼머넌트나 머리를 펴는 기술이 크게 변하진 않았지만 꾸준히 향상 되어 와서 이제는 모발에 큰 손상을 주지 않고 퍼머넌트를 할 수 있다. 이 기술은 화학 작용을 이용하는 방법으로 모발의 내부 구조를 변형 시켜 다른 모양으로 만든다.

몇몇 신제품은 모발 다공성의 다양한 모양을 알아 볼 때 사용할 수 있고 또 다른 제품은 모발의 손상을 바로 잡아 주거나 너무 타이트 했던 퍼머넌트를 풀어 줄 때 사용 할 수도 있다. 이제는 반영구적으로 웨이브를 넣을 수도 있으며 타이트하게 컬을 넣지 않아도 충분한 볼륨을 더해 줄 수 있다.

화학제품을 사용하기 전 준비할 사항들

퍼머넌트나 머리를 펴기 전에 머리를 먼저 감아야 하는데 그러면 두피 표면에 있는 비늘막이 들려 퍼머넌트 약(perm/relaxant lotion)이 모간에 더 빨리 흡수된다. 그러나 두피를 너무 세게 문지르면 화학 반응에 더 민감해 질 수 있으므로 주의해야 한다.

화학제품을 사용하는 방법

먼저 산성 균형(acid-balanced) 또는 알칼리성의 웨이브로션을 머리에 바른다. 그러면 이 약품이 케라틴으로 변형되어 머리카락 내부 층의 섬유질 같은 세포로 이루어진 황결합(sulphur bond)을 깨뜨린다. 이렇게 머리카락들이 느슨해 졌을 때 생머리든 곱슬머리든 모발의 변형이 가능하다. 화학 반응이 나타나는 시간은 모발의 상태와 텍스쳐에 따라 다르다.

◀ 이전에는 없었던 신기술은 바로 모발에 손상이 덜 가는 퍼머넌트 기술이다.

◀▲ 머리를 롤러나 스펀지 롤(bendy rods)로 가로, 또는 세로로 말아주면서 여러 스타일을 연출할 수 있다.
▲ 현대 퍼머넌트 기술로 타이트한 컬을 포함해 다양한 퍼머넌트를 연출할 수 있다.

앞의 단계가 끝나고 나면 변형된 모발의 결합 상태가 다시 재결합 되어야 하는데 이때 중화제(neutralizer)를 다시 발라 주어야 한다. 중화제는 산화제(oxidizing)를 포함하고 있어서 끊긴 모발의 결합 상태를 다시 이어주어 웨이브나 컬을 넣은 부분, 또는 생머리로 핀 곳이 영구적으로도 지속될 수 있다.

집 VS 미용실

퍼머넌트는(perming and relaxing) 매우 복잡한 과정이기 때문에 많은 여성은 경험이 많은 사람 혹은 전문가에게 손질을 받고 싶어 한다. 집에서 퍼머넌트를 하면 저렴하긴 하나 미용실에서 할 경우 다음과 같은 장점이 있다.

- 미용실에 가면 모발이 화학제품을 사용하여 퍼머넌트를 해도 되는 상태인지 아닌지 먼저 확인해 준다. 이미 염색된 머리거나 상태가 너무 안 좋을 때 또는 너무 과하게 손질한 머리는 하지 않는 것이 좋다.
- 미용실에서 머리 손질을 받으면 훨씬 더 많은 선택이 있다. 다양한 타입의 제품뿐만 아니라 집에서 할 수 없는 테크닉을 이용할 수 있다.

하지 말아야 할 상황들

- 모발이 너무 건조하거나 손상되었을 때
- 머리에 블리치나 하이라이트를 넣어 모발이 이미 약한 상태일 때
- 예전에 했던 퍼머넌트가 남아 있을 때
- 습진등과 같이 두피에 문제가 있을 때

퍼머넌트의 종류

퍼머넌트에는 다음과 같은 종류가 있다.

- 산성 퍼머넌트(acid perms)는 부드러운 컬과 함께 유연한 컬을 만들어 낸다. 산은 모발에 천천히 흡수되기 때문에 시간 단축을 위해 열을 사용한다. 알칼리 퍼머넌트보다 덜 손상이 가기에 가늘고 예민한 모발이나 손상되거나 염색된 모발에 사용하면 좋다.
- 알칼리 퍼머넌트(Alkaline perms)는 열없이 빠른 속도로 컬을 만들어 낼 수 있다. 이 경우 컬은 매우 강하게 나오는데 평범한 머리라면 더 강하게 보일 것이다. 그러나 손상된 모발에는 하지 않는 것이 좋다.
- 열 퍼머넌트(Exothermic perms)는 탄력 있는 컬을 만들어 내고, 모든 모발 타입에 잘 어울린다. 여기서 '열'(Exothermic)이란 퍼머넌트 약을 발랐을 때 일어나는 화학작용에 의한 약한 열을 의미한다. 이 열로 인해 화학성분이 두피에 흡수되는데 흡수된 약은 모발을 새로운 모양으로 바꾸어 놓는다.

▲ 이제 다양한 크기의 롤러가 나오며 색깔도 입혀져 사용하기가 훨씬 편해졌다. 집에서든 미용실에서든 유용하게 사용할 수 있다.

◀ 스펀지 롤(bendable rods)은 자연스러운 컬을 만들어 내기에 가장 적합하며 사용법도 매우 간단하다. 스펀지 롤로 말기 전에 종이로 한 번 감싸주면 퍼머넌트 약이 롤에 흡수되어 손상되는 것을 막을 수 있다.

퍼머넌트 기술

앞에 설명한 퍼머넌트들은 다양한 테크닉을 사용해 여러 가지 스타일로 연출할 수 있다 .

- **바디 퍼머넌트**(body perms)는 큰 롤러로 머리를 말아 매우 부드럽고 굵직한 컬을 만들어 내는 퍼머넌트이다. 볼륨을 더해주면 컬 보다는 웨이브 느낌이 더 난다.
- **루트 퍼머넌트**(root perms)는 모발 뿌리부분에만 볼륨을 더해주는 기술이다. 머리에 높이가 있고 풍성해지기에 자꾸 가라앉는 짧은 머리에 유용한 퍼머넌트이다.
- **핀 컬 퍼머넌트**(Pin curl perms)는 이미 컬이 있는 모발을 작게 여러 갈래로 나눠 핀을 꽂은 후 퍼머넌트를 하는 기술인데, 부드럽고 자연스러운 웨이브 또는 컬을 만들어 낸다.
- **스택 퍼머넌트**(stack perms)는 일자로 자른 머리에 컬과 볼륨을 넣어주는 기술로 여러 사이즈의 롤러를 사용한다. 머리 윗부분에는 컬을 넣지 않고 중간과 끝에만 넣어준다.
- **스파이럴 퍼머넌트**(spiral perms)는 긴 롤러를 사용해 로맨틱한 나선형의 컬을 만들어 내는 기술이다. 많은 컬로 인해 긴 머리가 숱이 더 많아 보이는 효과가 있다.
- **스팟 퍼머넌트**(spot perms)는 원하는 부분에만 컬을 넣는 기술이다. 예를 들어 머리를 조금 세우고 싶다면 정수리 부분에만 컬을 넣어주면 된다. 그러면 높이와 볼륨감을 더해줄 수 있다. 이 기술로 앞머리 혹은 옆머리에만 따로 컬을 넣어줄 수 있다.
- **위브 퍼머넌트**(weave perms)는 특정한 곳에만 컬을 넣고 나머지 머리는 생머리로 펴주는 기술로서 다양한 텍스쳐를 만들어 내고 자연스러운 바운스(bounce)를 넣어준다. 특히 앞머리 부분만 따로 해줄 수 있다.

집에서 퍼머넌트할 때의 규칙

만약 집에서 퍼머넌트를 할 경우 반드시 제품 설명서를 상세하게 읽은 후 하도록 한다.

- 모발에 어울리는 컬인지 아닌지 반드시 테스트해보고 충분한 롤러가 있는지 확인한다.
- 혼자서 뒷머리를 손질하기는 불가능하기에 친구의 도움이 필요하다.
- 시간은 잘 맞춰야 한다. 퍼머넌트 약을 설명서에 나온 것보다 더 빨리 씻기거나 혹은 더 오래 놔두면 안 된다.

퍼머넌트 후

어떤 컬이라도 다양한 요소에 의해 그 결과는 천차만별이다.

- 롤러의 사이즈가 컬의 사이즈를 결정한다. 보통 지름이 작을수록 컬도 작아지며 중간 크기 혹은 큰 지름의 롤러를 사용할 경우 느슨한 컬이 나온다.
- 약의 농도에 따라서도 달라지며 머릿결, 모발의 타입에 따라서도 달라진다. 모발의 상태가 좋을 때 컬도 예쁘게 나오며 얇은 모발일수록 더 쉽다.
- 퍼머넌트를 하고 난 후 48시간이 지나야 케라틴이 자연스럽게 모발에 스며들어 굳게 된다. 이 시간 동안 모발의 상태가 매우 약하므로 트리트먼트를 잘 해주어야 한다.

• 또 이 시간 동안 샴푸, 빗질, 드라이기 사용, 세팅 등은 피해준다.
• 한 번 퍼머넌트를 하고나면 머리가 다시 자라더라도 그 모양이 그대로 유지 된다. 시간이 지나면 컬은 서서히 풀리며 머리가 더 길게 될 경우 무게 때문에 컬이 훨씬 더 느슨해진다.

결과에 실망스러울 때

퍼머넌트를 하고 났는데 원하던 스타일이 아닐 경우 다음과 같이 해주면 좋다.

• **고르지 않은 컬** : 아마도 퍼머넌트 약이 골고루 흡수되지 않았기 때문일 것이다. 미용실에 가서 다른 퍼머넌트를 할 수 있는지 상담하는 것이 좋다.
• **너무 타이트하거나 부스스한 경우** : 퍼머넌트 약을 너무 오래 놔두었거나 또는 롤러 사이즈를 잘못 골랐기 때문이다. 머리를 말리고 컨디셔닝을 해 주거나 미용실에 가서 컬 이완제를 구입할 수 있는지 물어보도록 하자.
• **머리끝이 뭉칠 경우** : 이런 경우 롤러에 머리를 너무 타이트하게 말았거나 중화제 단계에서 머리를 잘못 빗어서 그럴 수 있다. 혼자서는 다시 손질 하는 것이 어려우니 미용실에 가보도록 하자.
• **모발이 녹은 경우** : 만약 머리에 탄력성이 하나도 없다면 퍼머넌트하는 과정에서 너무 과했기 때문이다. 이런 경우 과도한 수분 공급은 피하도록 하고 컨디셔너는 모발을 강하게 해주는 제품을 구입하도록 한다.

▼ 퍼머넌트를 하고 난 후 반드시 48시간 후에 머리를 감아야 하고 퍼머넌트 전용 샴푸와 컨디셔너를 사용해야 한다.

▼ 퍼머넌트를 할 경우 모발에 손상이 가서는 안 되며 올바른 과정에서 해주어야 한다.

트리트먼트 팁

퍼머넌트를 하고 난 후 트리트먼트에 신경을 써야 하는데 다음 간단한 기본 사항을 따라 해 보자.

• 퍼머넌트를 하고 난 후 48시간 동안 머리를 감지 않는다. 어떤 자극이라도 컬의 모양을 바꾸어 놓을 수 있다.
• 화학제품을 사용한 모발에 좋은 샴푸와 컨디셔너를 고른다. 이 제품들은 수분의 균형을 맞추어 줄 뿐 아니라 컬의 모양도 지속시켜 준다. 헤어디자이너가 좋은 제품을 추천해 줄 것이다.
• 항상 넓은 빗을 사용하도록 하고 끝에서부터 위로 빗어 준다. 머리는 절대 빗지 않도록 한다.
• 스타일링 하기 전에 머리를 짜서 물기를 없애주면 머리가 펴지는 것을 막을 수 있다.
• 모발에 너무 많은 열은 가하지 않는다. 가능하다면 머리를 감고 자연 바람에 말린다.
• 컬의 탄력성이 없어졌다면 물을 다시 뿌리거나 컬 리바이버(curl reviver)를 사용해 보자. 그러면 임시로 컬에 볼륨과 탄력을 더해줄 수 있다. 또한 이 방법으로 곱슬머리의 부스스함을 없앨 수도 있다.
• 퍼머넌트한 머리는 사용한 퍼머넌트 제품에 따라 3개월에서 6개월 정도 지속된다.
• 퍼머넌트를 막 하고 나서 금속 빗이나 헤어핀은 사용하지 않는다.

Asian and Afro hair 아시아인 및 아프리칸 모발

아시아 및 아프리칸 모발은 스타일링 할 때 특히 어렵다. 그러나 좋은 소식은 새로운 제품이 발명되고 헤어 디자이너들의 기술도 향상되었기에 어떤 모발 타입이든 환상적인 헤어스타일을 연출할 수 있는 테크닉이 많다.

아시아인 모발

보통 아시아 사람의 모발은 짙은 생머리이며 윤기가 흐른다. 모발이 두꺼우면서 생머리이기 때문에 텍스쳐가 많이 없다. 따라서 볼륨을 넣어주어야 하는 스타일링을 하기가 쉽지 않다.

볼륨감을 더하기 위해서는 스타일리스트가 층을 넣어 생동감을 넣어준다 해도 퍼머넌트나 웨이브 등과 같은 화학적 텍스쳐라이징 방법을 사용하도록 하자. 컬을 전체적으로 넣지 않아도 두피 부분의 머리만 퍼머넌트 해주면 뿌리를 세워 줄 수 있다. 또 부분적으로 염색해 주면 깊이감과 텍스쳐를 더해 줄 수 있다.

아프리칸 모발

아프리칸 모발은 다른 인종의 모발보다 더 건조하고 부서지기 쉽고 얇기 때문에 수화작용이 필요하고 건강하게 모발이 자랄 수 있도록 잘 관리해 주어야 한다. 보통 웨이브 정도가 다양하지만 대체적으로 곱슬머리이다.

모발이 특히 약한 이유는 수분을 공급해주는 피지가 충분히 나오지 않기 때문이다. 게다가 모발의 모양이 타이트한 컬이기 때문에 피지가 머리 전체에 잘 분배되지 않는다. 컬이 굉장히 곱슬거리면 모발이 매우 얇고 따라서 끝이 약해진다.

이런 종류의 모발은 계속 유분이 제공되어야 하는데 그 횟수는 머릿결과 개인의 필요에 따라 다르다. 매일 해주어야 할 수도 있고 일주일에 두세 번 해주어도 좋다. 두피는 정기적으로 씻어 주어야 하기에 머리는 자주 감아주어야 한다. 또한 샴푸를 해주고 난 뒤 수분이 들어간 컨디셔닝 제품으로 머리를 감으면 좋다.

특히 화학제품(퍼머넌트 및 염색)으로 머리를 손질했다면 단백질과 수분을 꼭 제공해 주어야 하고 약한 머리카락이 부서지지 않도록 넓은 빗을 사용해야 한다. 몇몇 사람들은 '컨디셔닝, 머리 감기, 다시 컨디셔닝' 의 순서를 지키는데, 아프리칸 모발은 전체적으로 잘 헹구어 주어야 한다. 그렇지 않고 세제가 여전히 모발에 남아 있을 경우 가려움증, 염증, 비듬과 같은 부작용으로 고통을 겪을 수 있다.

화학제품으로 머리 손질하기

아시아 사람의 모발을 퍼머넌트하여 볼륨을 넣어준다면, 아프리칸 모발은 머리를 펴주는 퍼머넌트를 해줄 수 있다. 이 과정에서 화학제품을 사용하는데 화학 반응으로 인해 모발의 구조가 변해 펴지게 된다. 한 번 퍼머넌트하면 영구적으로 지속되며 머리가 자라면서 점점 없어진다.

그러나 퍼머넌트, 염색과 같은 손질은 잠재적으로 모발에 안 좋은 영향을 끼칠 수 있다. 수분을 제거해 모발이 약해지기 때문이다. 따라서 능숙한 전문가에게 손질을 받고 조언을 구하도록 하자.

- **화학제품의 이완제(Chemical relaxers)는** 머릿결과 스타일에 따라 다양한 종류가 있다. 특히 긴 머리를 퍼머넌트할 때 효과가 좋은데 머리의 무게가 펴진 상태를 지속시켜주기 때문이다. 집에서 머리를 펴고 싶다면 먼저 조언을 구하고 질 좋은 제품을 써야 하며 설명서에 나온 대로 따라 해 최상의 결과를 얻을 수 있도록 한다.

◀◀ 아시아인의 모발은 보통 짙은 색이나 원래 모발 색을 없앤 다음 염색을 하면 색을 밝게 할 수 있다.
◀ 아프리카인의 모발은 릴렉싱(relaxing) 과정을 통해 성공적으로 생머리를 만들어 낼 수 있다.

- **어드밴스 퍼머넌트(Advanced Perms)**는 롤러로 머리를 말아 부드럽게 해준 다음 중화제를 뿌려 컬 모양이 영구적으로 지속하는 퍼머넌트를 일컫는다. 그러나 이 과정은 집에서 하기 보다 미용실에 가서 해야 한다. 머리의 부스스함을 방지하고 컬의 모양을 지속시키기 위해서는 컬 액티베이터(curl activators)라는 전용제품을 사용해야 하고 모이스처라이징 스프레이를 뿌리면 컬의 모양을 다시 살릴 수 있다.
- **염색** : 아프리카인의 모발은 손질하기가 굉장히 어려운 데 그 이유는 워낙 건조하고 흡수가 잘 되기 때문이다. 따라서 염색을 하고 싶을 땐 미용실에 가서 하도록 하자. 머리를 퍼머넌트한 상태라면 염색이 잘 안될 수 도 있다. 이런 모발 타입에는 하이라이팅, 로우라이팅, 또는 끝만 쳐주는 테크닉을 사용하자.

아시아인의 모발을 염색할 때 잘 되긴 하나 원래 색을 먼저 빼준 뒤 해야 하는데 (그렇지 않으면 오렌지색으로 염색이 될 수 있다) 이를 리프팅(lifting)이라 한다. 원래 짙은 색을 빼주기만 하면 백인 머리에 염색하는 것과 같은 결과를 기대할 수 있다.

화학제품을 사용하지 않고 관리하기

곱슬이 심한 머리는 데미 퍼머넌트(demi-perming)를 해주면 좋다. 이 퍼머넌트를 할 경우 타이트한 컬을 크고 느슨한 컬로 만들 수 있다. 특히 짧은 머리에 이 퍼머넌트를 하면 좋은데 긴 머리는 더 부드럽고 볼륨 있는 스타일을 연출하는데 비해 짧은 머리는 손질하기도 쉬운 모양이 된다. 파인애플 효소로 트리트먼트를 만들면 아이들이나 화학제품에 약한 모발타입에 사용하면 좋다.

레게머리(dreadlocks) 및 땋은 머리

- **레게머리**는 머리를 여러 갈래로 나눈 뒤 두피 부분부터 아래로 짧게 머리를 꼬아주는 머리를 가리킨다. 이 명칭은 머리가 꼬아진 상태에서 풀리지 않는다는 의미한다. 아몬드 오일이나 밀랍 같은 왁스를 머리를 꼬기 전에 충분히 발라주고 샴푸로 머리를 감아 준다. 이렇게 땋은 머리는 잘라내야만 없앨 수 있다.
- **땋은 머리**(두피 아래부터 땋은 머리)와 콘로우(두피부터 땋은머리)는 매우 인기 있는 스타일이며 두피 가까이에 붙여놓을 수 있다. 언제든지 머리를 풀고 싶을 때 풀 수 있으나 너무 오래 놔두면 느슨해지며 풀릴 수 있다.
- **위브(weaves)**는 긴 머리를 붙여 손질하는 것으로서 일종의 붙임머리를 사용하는 테크닉이다. 이 테크닉은 3개월에서 6개월 정도 지속하고 싶을 때 좋은 방법이다.

특히 신경 쓸 문제들

머리를 너무 타이트하게 땋으면 머리가 빠질 수 있다. 머리를 자주 세게 잡아당기면 모낭에 손상을 입혀 세포 조직이 떨어져 결국 머리가 빠지게 된다. 이를 막기 위해서는 머리를 너무 타이트하게 땋지 말아야 한다.

퍼머넌트를 잘못할 경우에도 비슷한 문제가 생길 수 있다. 이러한 문제를 겪고 있다면 미용실에 가서 상담을 받아 보자.

▲ 아시아인의 모발은 매우 두꺼운 생머리이며 원래 윤기가 흐르기에 잘 빗어주기만 해도 환하게 빛나는 머릿결을 연출할 수 있다.

Did you know?

어떤 종류의 화학제품을 사용하든 모발의 상태가 좋아야 함은 당연하다. 모발의 강함과 탄력성을 체크해 보고 싶다면 머리카락 한 가닥을 뽑아서 끝을 손가락으로 잡고 부드럽게 잡아 당겨본다. 만약 짝 피기도 전에 끊어지면 모발의 상태가 좋지 않다는 뜻이므로 화학제품의 사용은 자제해야 한다.

▶▶ 길고 얇게 땋은 머리는 머리를 땋지 않았을 때처럼 올려도 되고 내려도 된다.
▶ 콘로우는 두피에 바로 붙여서 머리를 땋는 방법인데 그냥 땋은 머리와는 사뭇 다르다.

Choosing a style

헤어스타일 고르기

새로운 헤어스타일을 고르는 일은 매우 재미있다. 컷, 염색, 퍼머넌트 등은 겉모습을 바꿀 수 있는 가장 빠른 방법이며 더불어 자신감도 얻을 수 있다. 하지만 스타일을 선택 하기란 여간 어렵지 않다. 이번 장에선 짧은 머리, 중간 길이의 머리, 긴 머리, 곱슬머리에 따른 여러 가지 스타일을 모아 놓았으니 새로운 모습과 새로운 자신을 찾고자 하는 여러분들에게 영감을 불어넣어 주겠다. 다음 여러 스타일 사진들을(과감하든 그렇지 않든) 쭉 훑어보자. 여러분의 헤어스타일을 바꿀 방법은 많다.

Shorter hair

짧은 머리

짧은 머리는 가장 스타일리시한 컷으로서 여러 스타일을 할 수 있다.

1 짧게 층진 머리는 앞머리를 심플하게 손질만 해 주어도 세련되어 보인다. 머리 길이가 짧기 때문에 마무리 손질에서 헤어제품을 많이 발라 줄 필요가 없다. 컷 자체에서 손질은 이미 끝난 셈이다.

2 적갈색의 짧은 머리는 브러시(paddle brush)를 사용해서 머리를 부드럽게 빗어주며 말려 주었다. 그 뒤 색을 최대한 잘 살리기 위해 샤인 스프레이(shine spray)를 뿌렸다.

3 클래식할 수 있는 둥근 컷에 앞머리 가르마를 깊게 타서 옆으로 넘겨주어 개성을 더해주었다. 부드럽고 윤기가 흐르는 마무리와 풍부하고 통일된 색은 스타일을 더 잘 살려준다.

4 짧은 금발머리는 매우 세련될 수 있다. 본인의 혈색에 어떤 톤이 잘 어울리는지는 헤어디자이너와 상의해야 한다.

5 짧은 머리에 소량의 왁스(molding paste)를 발라주면서 머릿결을 세워 살려준다. 왁스를 바를 때는 머리 중간부터 끝에 발라주면 된다.

6 둥글게 각진 스타일은 짧고 샤프한 머리에 복고 느낌을 더해준다. 머리를 부드럽게 말려 주고 샤인 스프레이(shine spray)를 뿌려서 머리에 윤기를 더해준다.

7 꼬마요정 같은 이 컷 스타일은 유행을 타지 않고 각진 얼굴형과 맑은 혈색을 가진 사람한테 잘 어울리는 스타일이다. 위에 살짝 길게 층을 낸 머리는 각 취향에 따라 부드럽게 내려주거나 세워줄 수 있다.

8 골든허니색과 대조되도록 색을 넣어서 짧은 머리에 깊은 무늬가 생기게 한다. 머리를 앞으로 빗어서 색의 대조가 잘 보일 수 있도록 한다.

1

2

3

4

5

6

7

8

9 귀 정도까지 오는 짧은 머리는 정수리 쪽의 머리를 세워주면 훨씬 생동감 있어 보인다. 이 스타일은 얼굴형이 긴 사람과 잘 어울린다. 왁스를 발라서 머리 모양을 잘 만들어 주고 앞머리는 한쪽 옆으로 넘긴다.

10 턱 선까지 내려오는 각진 컷 라인은 입술이 부각되고 깊게 낸 앞머리는 눈이 부각된다. 크림 또는 샤인 스프레이를 뿌려서 머리에 윤기를 더해줌으로 마무리 해준다.

11 머리를 앞쪽에서 한 방향으로 길게 내리면 귀엽고 에지 있어 보인다. 스타일링 크림 또는 강하지 않은 왁스를 발라서 머리가 흐트러지지 않도록 고정한다.

12 짧은 머리를 앞쪽으로 빗어주면 굉장히 스타일리시 해 보이고 지그재그 라인을 형성한다. 이 스타일은 얼굴형과 머리모양을 잘 드러내주며 강한 헤어스프레이를 뿌려서 머리를 고정한다.

13 머리를 드라이어로 말리고 드라이 빗으로 말아주면 볼륨감을 더할 수 있는데 이때 안으로 말아준 머리는 건강해 보이고 생기있어 보인다.

14 짧은 머리를 염색할 때 음영을 넣어주면 세련되고 자연스럽게 보일뿐 아니라 머릿결도 훨씬 부각될 수 있다.

15 머리를 말리고 난 후 앞으로 잡아당기고 앞에서부터 왁스를 발라주어 머리를 고정하고 윤기가 나도록 한다.

16 전체적으로 검은 머리에 허니 블론드(honey blone)색으로 하이라이트를 넣어주면 부드러워 보일뿐만 아니라 단순한 컷에 기품을 더해준다. 깊게 파인 둥근 컷 라인은 두꺼운 입술과 광대뼈를 아름답게 보일 수 있도록 커버해 준다.

17 혈색이 밝은 금발머리색은 잘 어울리기만 한다면 매우 눈에 띄는 스타일이다. 깊게 많이 낸 앞머리와 둥근 컷 라인은 세련되어 보이고 매우 모던한 느낌을 준다.

18 앞머리 없는 짧은 머리는 수시로 달라 보인다. 기분에 맞춰 머리 스타일을 바꾸어 보고 머리가 윤기가 흐르고 고정될 수 있도록 헤어 제품을 발라주자.

13

14

15

16

17

18

19 들쭉날쭉한 컷 라인은 일자단발(one-length cut)머리에 세련미를 더해준다. 특히 머리색이 컷 모양을 부각하면 더 아름답다.

20 짧게 층진 머리에서 정수리 부분의 머리를 여러 갈래로 나눠 손가락으로 세우고 부드럽게 내려오는 앞머리와 대조되도록 만들어서 변화를 줄 수 있다.

21 짧은 둥근 컷 머리에서 머리 몇 가닥을 앞쪽에서 길게 내면 사람들의 이목을 끌 수 있다. 이 스타일은 자칫 무거워 보일 수 있는 스타일을 부드럽고 개성있게 보이게 한다.

22 짧은 머리를 계속 기르고 싶다면 머리에 층을 내어 짧지만 스타일리시해 보이도록 한다.

23 퍼머넌트한 짧은 머리에서 앞머리는 부드럽게 내려 대조를 이루게 한다. 남은 다른 부분은 머리를 거꾸로 빗어서 세우고 스프레이를 뿌려 고정한다.

19

20

21

22

23

24

25

26

27

28

29

24 부드러운 컷 라인의 짧은 머리는 모발이 건강해야 더욱 예쁘다. 앞머리와 옆머리를 둥글게 이어주는 이 스타일은 얼굴형이 갸름하면 더 잘 어울린다.

25 앞쪽이 뒤쪽보다 컷 라인이 더 길면 굉장히 스타일리시해 보인다. 조금 과감한 면이 있지만 이 스타일을 하기만 하면 연예인처럼 보일 수 있다. 머리에 계속 윤기가 흐를 수 있도록 유지해 주면 더 예뻐 보인다.

26 짧게 층진 머리를 좀 더 캐주얼하게 만들고 싶다면 머리를 강한 바람에 말려서 머릿결을 살려주고 손가락으로 머리를 위로 잡아 당겨 준 다음 느슨하게 머리를 쓸어 내린다.

27 턱까지 내려오는 각진 단발머리는 매우 고혹적으로 보인다. 머리는 부드럽게 말려주고 매끈한 컷 라인은 머리모양을 잘 보여준다.

28 하나로 이어진 단발머리를 말릴 때 층을 앞으로 쓸어주며 말리면 깊게 낸 앞머리를 부각해준다. 그러고 나서 스타일링 제품을 발라 머릿결을 살려준 다음 고정한다.

29 앞머리를 자연스럽게 내리고 옆머리는 길게 내려오며 뒷머리는 위로 올려준 이 스타일은 1920년대의 헤어스타일이 연상된다. 이목구비가 뚜렷한 사람과 잘 어울린다. 뒷머리는 털어서 말려주면서 헝클어뜨려 놓는다. 그러면 앞머리가 훨씬 세련되어 보인다.

30 짧은 머리를 더 우아하게 보이게 하고 싶다면 길이가 짧은 머리들은 뒤로 모두 넘기고 정수리 부분의 머리는 위로 세워서 높인다.

31 부분적으로 길게 층을 낸 짧은 머리라면 뒷머리 끝은 뻗치도록 말리고 옆머리는 부드럽게 내린다. 그러면 촌스럽지 않고 더 예뻐 보인다.

32 층을 많이 내서 컬을 넣어 주거나 강한 웨이브를 넣어주면 훨씬 환상적인 스타일을 만들 수 있다. 머리는 자연스럽게 마를 수 있도록 내버려 두고 머리끝은 세럼을 발라서 부스스해 보이지 않도록 한다.

33 머리를 털어서 말려주며 볼륨을 풍성하게 넣는다. 그 다음 머리를 여러 갈래로 나눠 부분 부분마다 빗어주며 머리를 세우고 마지막으로 앞머리는 부드럽게 빗어 내린다.

30

31

32

33

34

35

36

37

34 클래식한 단발머리를 말려주며 부드럽게 빗어준다. 그 다음 스프레이를 전체적으로 뿌리고 손가락으로 층을 낸 머리를 털어준다.

35 짧은 머리에 펑키한 느낌을 주고 싶다면 머리에 젤을 듬뿍 발라 위로 세워 고정한다. 그러면 좀 더 발랄하고 강한 느낌을 줄 수 있다.

36 길게 층을 낸 단발머리는 발랄한 헤어컬러와 머리모양을 잘 부각해준다. 금발색 머리를 더 빛나게 하는 효과를 준다.

37 단발머리에 눈썹은 보이되 평소보다 앞머리를 조금 길게 내려주면 부드러운 느낌의 클래식한 단발머리를 연출할 수 있다.

38 머리를 위로 올려 극적인 스타일을 연출하고 싶다면, 먼저 뿌리부분을 세우고 머리를 말려준다. 그 다음 정수리 부분까지 빗으로 넘긴 상태에서 머리 모양이 고정되도록 강력한 홀드 스프레이를 뿌린다.

39 머리 뿌리부분부터 백콤을 해주어 복고풍의 앞머리를 연출한다. 젤과 스프레이를 사용하여 머리모양을 고정한다.

40 강한 인상을 주는 스타일을 연출하고 싶다면, 짧은 머리에서 앞머리는 길게 남겨 둔 채 고데기로 앞머리에 컬을 넣어 부드럽게 내린 뒤쪽 머리와 대조되어 보일 수 있도록 연출한다.

Mid-length hair 중간 길이의 머리

턱까지 떨어지는 머리나 어깨에 닿는 중간 길이의 머리는 매일 다양한 스타일을 연출할 수 있으며 얼굴형에 따라 어울리는 컷을 할 수 있다는 장점이 있다.

1 중간 길이 머리에 앞머리를 내고 사각형 모양으로 자르되 층을 많이 내주면 굉장히 가벼워지고 머리색도 부각된다.

2 앞머리와 옆머리가 부드럽게 이어진 부분을 강조해주며 고데기로 머리를 펴준다. 왁스나 샤인 스프레이로 마무리 해준다.

3 개성 있는 스타일을 연출하고 싶다면 앞쪽에 길게 내려오는 머리 부분을 다듬어 준 뒤 뻗치도록 말려서 얼굴 쪽으로 부드럽게 흘러내리도록 연출한다.

4 발랄해 보이는 레드톤의 머리는 매우 매력적이며 원 렝스 컷을 눈에 띄도록 해준다. 탈색 방지용 제품들을 통해 스타일에 신경쓰도록 하자.

5 강하게 층을 낸 적갈색의 머리는 모발의 건강한 상태를 잘 보여주어 특히 눈에 띈다.

6 파격적인 스타일을 연출하기 위해 뒷머리를 앞머리보다 더 짧게 잘랐다. 앞머리는 일자로 내려 다이나믹한 느낌을 더욱 살렸다.

7 가르마를 한 쪽으로 깊게 탄 다음 긴 머리는 한 쪽 눈 위로 덮고 남은 한 쪽 머리는 목선이 보이도록 뒤로 넘겨 명랑해 보일 수 있도록 했다.

8 아주 밝은 금발머리에 층을 주어 천상의 모습을 연출했다. 이는 피부톤이 하얀 사람에게 특히 잘 어울린다.

1

2

3

4

5

6

7

8

9

10

11

12

9 앞머리가 있고 어깨까지 내려오는 머리를 부드럽게 잘 말려준 뒤 머리 라인을 따라 잘 말아주어 풍성하고 매끄러운 단발을 연출했다.

10 숱이 많은 단발머리에 앞머리를 내주면 매우 부드럽고 여성스러워 보인다. 머리를 말려 풍성하게 해주고 스프레이를 뿌려 고정한다.

11 머리에 길게 층을 내고 볼까지 오는 앞머리를 얼굴 쪽으로 내려주면 숱이 없는 머리는 더 풍성해 보이고 관리하기도 한결 쉽다. 머리를 부드럽게 해주는 제품을 쓰면 머리가 흩날리는 상황을 방지해 준다.

12 큰 롤러로 중간 길이까지 오는 머리를 말아주면 우아함을 연출할 수 있다. 볼륨감을 더하기 위해 길게 내려오는 머리는 올린 뒤 핀으로 고정한다.

13 머리를 말리기 전 뿌리부분과 중간부분에 무스를 발라주면 뿌리부분은 살려주면서 머리를 풍성하게 해줄 수 있다. 큰 드라이 빗으로 머리를 말아 컬을 내주면 생동감을 더해줄 수 있다.

14 우아함을 연출하기 위해 머리 중간부분과 끝에 컬을 넣어 준 뒤 어깨 길이 정도가 되게 안으로 접어서 핀으로 고정한다. 적당히 헐렁하게 고정하고 머리끝은 자연스럽게 흘러내리도록 하자, 그러면 솜사탕 같이 예쁜 머리가 될 것이다.

15 파티에 어울리는 스타일로서, 머리의 컷 라인이 잘 보이도록 머리를 고데기로 쫙 펴주고 머리를 한쪽으로 쓸어 내려 눈을 가린다.

16 앞머리를 깊게 내고 둥근 컷 라인에 층을 많이 주어 서로 대비되도록 했다. 머리 앞쪽에 하이라이트를 넣어 훨씬 부드럽게 보인다.

17 매끈하게 쫙 펴진 머리는 매우 세련되어 보인다. 완벽한 스타일을 연출하기 위해서는 머리를 말린 뒤 고데기로 머리를 펴주고 샤인 스프레이를 뿌려 마무리 한다.

18 어깨 길이의 머리에 층을 얇게 많이 내주면 순수하고 더 여성스러워 보인다. 이 스타일은 특히 모발이 가는 사람에게 잘 어울린다.

13

14

15

16

17

18

19 재미있고 예술가 같은 느낌을 주고 싶다면 원래 머리색과 잘 어울리는 부분가발을 사용해 보자. 부분가발은 머리를 더욱 풍성하게 보이게 하고 다양한 머리 모양을 연출할 수 있다.

20 어깨길이의 머리를 롤러로 말아 컬을 넣고 풍성하게 만든 뒤 정수리 부분으로 쓸어 올려 고정한다.

21 어깨길이 되는 머리는 다양한 모양으로 강한 느낌을 줄 수 있다. 이 스타일에서는 앞머리 부분을 백콤한 뒤 롤로 말아 컬을 넣었다. 그 뒤 볼륨을 넣어주며 뒤로 넘겨 고정한다.

22 비교적 짧은 중간 길이의 단발은 머리의 윤기와 색, 모발상태를 부각하고, 앞쪽의 긴 머리는 개성있고 상큼한 느낌을 준다.

23 둥근 컷에 층을 얕게 많이 내주면 영화 속에 나오는 여주인공과 같은 느낌을 준다.

24 단정하게 자른 중간 길이의 머리는 이목구비가 잘 부각되며 무겁고 각진 느낌의 턱을 부드럽게 해 줄 수 있다.

25 안쪽에 길게 층을 낸 머리에 색을 입히면 클래식한 단발머리에 개성을 더해줄 수 있다.

19

20

21

22

23

24

25

26

27

28

29

30

31

26 중간 길이의 머리에 요정 같은 느낌을 더 해주고 싶다면 머리를 낮게 뒤로 하나로 묶어 주거나 올려준다. 더 매끄러운 머릿결을 만들어 주기 위해 헤어스프레이를 뿌려 잔머리를 없애준다.

27 웨이브를 넣은 중간 길이의 머리를 고무줄로 묶기보다 핀으로 고정하면 훨씬 부드럽고 깔끔해 보이며 하얀 피부를 더 빛내준다. 거울로 머리 뒤를 비춰준 다음 핀으로 잘 고정한다.

28 심플한 발레리나의 올림머리는 매우 매력적이다. 학교, 직장, 저녁 행사 등, 어느 행사에나 어울리며 특히 작은 얼굴, 눈썹이 부각된다.

29 클래식한 올림머리를 할 때 앞머리를 느슨하게 세워 올려주면 얼굴의 골격을 잘 보여 줄 뿐 아니라 한층 더 부드러운 느낌을 준다.

30 머리를 뒤로 묶어 줄 때 약간은 헝클어진 느낌을 주고 싶다면, 머리를 가볍게 뒤로 빗어 넘기면 훨씬 캐주얼해 보인다.

31 손가락으로 머리끝을 잡고 꼬아서 올려서 핀으로 고정한다. 흘러내리는 머리는 자연스럽게 놔둔다. 이 자연스러움 또한 매력의 일부이다.

32 모발이 굵고 강한 중간 길이의 머리에 층을 많이 내면 훨씬 가볍고 매력적으로 보일 수 있다. 머리를 말릴 때 브러시를 사용하여 모양을 잡아주고 스프레이를 뿌리면 윤기가 흐르고 차분해 진다.

33 곱슬머리의 컬을 유지하는 크림을 바르고 디퓨저로 말려 부드러운 느낌을 연출한다. 이 때 머리를 빗지 않는 것이 중요한데 머리를 빗게 되면 머리 모양은 사라지고 볼륨감만 남는다.

34 일자 단발머리에 머리 중간부터 끝까지 가는 컬보다는 굵은 컬을 넣어주면 훨씬 성숙해 보일 수 있다.

35 심한 곱슬머리는 완전히 펴주기 보다 약간의 웨이브를 넣으면 훨씬 자연스러워 보인다. 본인의 모발 타입에 맞는 제품을 고를 때는 헤어디자이너와 상의하도록 한다.

32

33

34

35

36

37

38

36 무스와 크림을 바르면 컬도 잘 유지되고 풍성해 보일 수 있다. 부드러운 느낌을 더하고 싶다면 앞머리는 내지 않는다.

37 검은 생머리에 층을 주면 매우 화려해 보이고 웨이브나 컬을 넣어주면 정열적인 느낌도 줄 수 있다. 샤인 스프레이(shine spray)를 뿌려 머리를 차분하게 만들어 한결 빛나 보이게 한다.

38 머리에 몇 가지 색을 섞어 염색할 때 염색할 위치만 잘 잡는다면 훨씬 빛나 보이고 모발이 건강해 보일 수 있다.

39 머리에 층을 깊게 내주면 머리의 질감이 더욱 다양해진다. 특히 이 스타일은 모발이 가는 사람에게 어울리며 아름다운 눈, 광대뼈가 잘 부각된다.

40 길게 내린 앞머리에 샤인 크림을 바른 뒤 한 쪽 눈 위로 넘겨주면 훨씬 아름다워 보인다.

39

40

Longer hair

긴 머리

어깨 아래로 내려오는 머리는 건강한 머릿결과 아름다운 헤어컬러가 잘 부각된다. 화려하게 컬을 넣을 수도 있고 매끈한 생머리를 연출할 수도 있는데 그 종류는 매우 다양하다.

1 일자로 자른 긴 생머리에 앞머리를 깊게 많이 내주면 개성을 더할 수 있다. 눈 바로 위까지 오도록 다듬고 크림(smoothing creme)과 세럼을 사용하여 빛나는 머릿결을 유지한다.

2 깊게 빛나는 화려한 적갈색은 긴 머리와 잘 어울린다. 그리고 머리가 길 때는 항상 건강한 모발상태를 유지할 수 있도록 한다.

3 동양인의 모발은 대개 모발이 굵은 긴 생머리를 갖고 있는데, 이 조건은 긴 머리에 최상이다. 이 스타일에서는 앞머리를 많이 내서 일자로 잘랐는데 이는 얼굴형이 달라 보이게 하며 옆의 긴 머리와도 대비된다.

4 검은 긴 생머리는 빛이 잘 반사되기 때문에 굉장히 빛나 보이며 또한 모발도 매우 건강해 보인다. 머리를 말릴 때 뿌리부분은 머리에 볼륨감을 더해 줄 수 있는 제품을 사용하여 세워준다.

5 긴 생머리 밑 부분에 컬을 넣어주면 풍성해 보일뿐 아니라 훨씬 흥미로운 스타일을 연출할 수 있다. 컬은 손으로 풀지 말고 그대로 놔두어 자연스럽게 흘러내릴 수 있도록 한다. 이 스타일에서는 머리 위 뒤쪽에 핀으로 고정해 높이를 더했다.

6 웨이브가 들어간 긴 머리와 부드럽고 길게 내려오는 앞머리는 서로 대조되어 화려하지만 차분한 느낌도 준다.

7 긴 머리에 층을 많이 내어 답답한 느낌은 없애주고 머리의 질감은 더욱 살렸다. 익스텐션(extention)을 사용해 머리 길이의 차이가 날 수 있도록 했고 샤인 스프레이를 사용해 잔머리가 없이 차분해 질 수 있도록 마무리했다.

1

2

3

4

5

6

7

8

9

10

11

8 긴 머리를 드라이 할 때 머리끝 부분을 브러시에 말아준 다음 밖으로 뻗치게 해주면 머리 앞쪽에 낸 층이 훨씬 돋보일 수 있다.

9 풍성하게 빛나는 색을 연출하고 싶다면 밝은 금발 색과 짙은 골드색을 섞어 염색하고 웨이브를 넣어 마무리해준다.

10 초콜릿색과 적갈색을 섞어 머리를 염색하면 매력적인 흑갈색의 머리를 연출할 수 있다. 자연스러운 웨이브와 부드러움을 더해 주기 위해 뒤로 넘긴 긴 앞머리는 잘 어울린다.

11 긴 금발 머리는 활기차고 발랄해 보인다. 머리 앞쪽에 굵은 컬을 넣어주면 얼굴형도 예뻐 보일뿐 아니라 평범한 긴 일자머리에 아름다움을 더해준다.

12 머리를 두 갈래로 나누지 않아도 지그재그로 가르마를 타주면 머리가 자연스럽게 앞으로 흘러내린다. 하이라이트를 넣은 머리가 길었을 때 가려주기도 한다.

13 금발 머리에 골드 톤을 입힌 머리는 부드럽게 말아주든 심플하게 생머리로 연출하든 모두 환상적인 느낌을 자아낸다. 세럼을 발라주면 머리를 고정해 줄 뿐 아니라 단정해 코일 수 있도록 한다.

14 모발이 가는 긴 머리에 아이론 퍼머넌트를 해주면 머리 모양이 예쁠 뿐만 아니라 볼륨감도 더해 준다. 머리 안쪽에 층을 낸 머리는 최대한 밖으로 빼서 볼륨감을 살렸다.

15 머리 중간부분과 머리끝을 고데기로 펴주면 긴 머리를 더 강조할 수 있다. 그러나 이 머리는 관리가 굉장히 중요한테 끝이 상한 머리는 계속해서 다듬어 주는 등 세심한 주의가 필요하다. 트리트먼트를 해주는 방법도 좋다.

16 숱이 적고 모발이 가는 머리는 층을 많이 낸 뒤 헤어제품을 바르고 털어서 말려주면 더욱 풍성한 머리를 연출할 수 있다. 염색드 모발을 굵게 만드는데 도움이 된다.

17 평범한 긴 일자 생머리에 염색을 하거나 컬, 웨이브를 넣어 주면 다양한 느낌을 낼 수 있다.

12

13

14

15

16

17

18 머리를 최대한 풍성하게 하고 높이를 주어 얼굴을 부각하고 싶다면 머리 뿌리부분에 백콤을 한 뒤 뒤로 넘겨 머리 위쪽에 부드럽게 고정하면 되는데, 이 때 헤어스프레이를 뿌려준다.

19 층을 낸 긴 금발 머리는 캐주얼 하지만 귀여운 느낌을 준다. 머리가 엉키지 않도록 주의하고 뿌리부분은 눌리지 않도록 볼륨감을 더해주자.

20 머리 전체적으로 층을 부드럽게 내주면 원래 머릿결과 색이 잘 부각된다. 이 스타일은 여성스러운 고전적인 스타일이다.

21 긴 생머리를 빨간색으로 염색하면 색다른 모습을 연출할 수 있다. 길게 층을 낸 머리는 갈라지지 않게 자연스럽게 모양을 잡아주어 부드럽게 아래로 떨어지도록 한다.

22 얼굴이 작고 이마가 좁다면 앞머리는 피하자. 대신에 앞머리는 자연스럽게 흘러내리도록 해서 얼굴형이 돋보일 수 있도록 연출한다.

23 머리를 말릴 때 강한 컬 보다는 자연스럽게 웨이브를 넣었다.

24 큰 고데기로 머리 중간 부분과 끝 부분에 컬을 넣어 머리에 볼륨감과 생동감을 더해준다.

25 머리 뿌리부분을 가볍게 거꾸로 빗어주어 인위적이지 않도록 볼륨을 넣어 세운다.

18

19

20

21

22

23

24

25

26

27

28

29

26 긴 곱슬머리는 전형적으로 로맨틱해 보이는 스타일이다. 특별한 행사가 있을 때 머리를 올려도 좋다.

27 숱이 많은 긴 머리에 층을 많이 내주면 굉장히 화려한 느낌을 줄 수 있으며 다양한 스타일 연출도 가능하다.

28 숱이 많고 건강한 모발을 지니고 있다면 딱히 손질하지 않고 자연스럽게 머리를 풀어도 좋다. 단, 머리끝에 세럼을 발라주어 윤기가 날 수 있도록 한다.

29 머리에 정 가르마를 타면 매우 청순해 보이며 얼굴형이 돋보일 뿐만 아니라 눈매도 강조된다.

30 앞머리가 없는 긴 머리에서, 앞쪽 부분을 하나로 모아 정수리 부분에서 높여주며 핀으로 고정한다. 이는 아래 곱슬머리와 잘 어울린다.

31 긴 머리를 포니테일로 높게 묶어 주되 옆머리는 자연스럽게 흘러내리도록 연출하면 얼굴형이 예뻐 보이면서 부드러운 느낌을 줄 수 있다.

32 긴 머리를 포니테일로 묶어 주되 앞머리를 기하학적으로 잘라 포인트를 주었다.

33 머리 앞쪽에서 머리를 많이 잡아 뒤로 꼬아 넘겨 정수리 부분에서 고정하면 머리가 흘러내리지 않으면서 스타일리시해 보인다.

30

31

32

33

34

35

36

37

38

39

34 평범한 포니테일 머리에 변화를 주고 싶거나 지나치게 화려하지 않은 올림머리를 하고 싶다면, 포니테일로 묶어 준 머리를 묶은 부분 아래로 둥글게 말아 넣어 핀으로 고정한다. 양 옆의 머리는 귀 뒤로 자연스럽게 흘러내리도록 하면 독특하고 모던한 느낌을 연출할 수 있다.

35 새로운 모험을 해보고 싶을 때 원래 머리 색과 대조되는 부분가발을 붙인 뒤 올림머리를 해주면 눈에 띄는 스타일을 연출할 수 있다. 균형과 비율을 잘 맞추어서 지나치게 화려하지 않도록 하자.

36 긴 머리에 컬을 넣어주면 캐주얼해 보일뿐 아니라 귀여운 느낌을 연출할 수 있다. 머리를 양 갈래로 나누고 각 윗부분은 매끄럽게 빗어 깔끔하게 묶어주면 컬과 대조가 되어 한층 더 아름다워 보인다.

37 원래 심한 곱슬머리도 길고 빛나는 생머리로 만들 수 있다. 좋은 헤어제품을 사용하여 머리를 관리하되 다양한 스타일의 시도는 되도록 피하도록 하자. 앞머리는 머리 위로 자연스럽게 넘겨 앞머리처럼 보일 수 있도록 했다.

38 긴 머리는 다양하게 머리의 질감을 대조할 수 있다. 포니테일로 묶은 부분에는 볼륨을 넣어 주었고 머리 앞부분은 매끄럽고 차분한 느낌이 나도록 손질했다. 이 스타일은 단정해 보이면서도 재미있다.

39 귀여우면서도 똑똑해 보이는 스타일을 하고 싶다면 머리에 옆 가르마를 깊게 타고 한쪽 이마위로 넘겨 앞머리처럼 만들어 준다. 머리 뒤쪽은 세워서 핀으로 고정하는데 개인에 따라 여러 느낌으로 손질 할 수 있다.

40 매우 정교하고 세심한 올림머리를 하고 싶을 때 혼자 머리를 손질하기란 쉽지 않다. 특별한 행사가 있는 경우, 미용실에 가서 도움을 받아도 좋을 것이다. 부분가발 등을 사용해 머리를 올릴 수 있는데 헤어디자이너는 여러분 얼굴형에 맞는 스타일을 찾아 줄 것이다. 머리 장식, 깃털, 액세서리를 사용함으로써 다양한 예술적 감각을 뽐낼 수 있다.

40

Curly hair

곱슬머리

본래 곱슬머리를 즐기고 싶든 또는 다른 스타일을 따라 해보고 싶든, 곱슬머리로 할 수 있는 스타일은 매우 많다.

1 머리를 말리기 전에 헤어로션을 발라주어 본래 컬이 잘 살아날 수 있도록 한다. 특히 뿌리 부분은 눌리지 않도록 볼륨을 넣어 세워서 캐주얼하지만 여성스러운 느낌을 자아낼 수 있도록 한다.

2 긴 웨이브 머리는 매우 화려해 보이고 엘레강스한 느낌을 준다. 큰 롤러로 머리를 말아주고 손가락으로 컬 사이사이를 조심스럽게 빗어주어 머리가 풍성해 질 수 있도록 한다. 또한 컬이 오래 지속 되도록 로션이나 스프레이를 사용한다.

3 앞머리 모양을 잘 잡아 고정함으로써 헝클어진 캐주얼한 스타일이 스타일리시해 보이면서도 편한 느낌을 주도록 했다.

4 머리 뿌리는 세워주고 머리 중간부터 끝까지 왁스를 잘 발라주어 원래 컬을 최대한 살린다. 머리가 굉장히 풍성해 보이는 효과를 낼 수 있다.

5 컬이 풍성한 머리에 컬을 감아주면서 층을 내주면 멋지고 개성 있는 스타일을 연출할 수 있을 뿐 아니라 굉장히 매혹적인 느낌을 풍길 수 있다.

6 자연 곱슬머리도 컬이 잘 돋보일 수 있도록 잘라주어야 한다. 정수리 부분과 관자놀이 주변의 머리에도 볼륨을 넣어주어 풍성한 느낌을 더해 줄 수 있도록 한다. 또한 컬이 잘 풀리지 않도록 도와주는 제품을 사용하여 손질해 주도록 한다.

7 긴 생머리는 고데기나 롤러로 다양한 변신이 가능하다. 이 도구들을 사용하면 컬이 잘 나와 풍성한 컬을 만들 수 있다.

1

2

3

4

5

6

7

8

9

10

11

8 촘촘하게 잘 나온 컬은 눈에 띄기 마련이다. 머리가 부스스해지지 않게 컬마다 헤어제품을 잘 발라주고 스프레이를 뿌려 고정한다.

9 중간 길이 머리에 큰 드라이 빗을 사용해 머리끝 쪽 위주로 웨이브를 넣어준다. 머리 윗부터 귀 부분까지는 빗으로 잘 빗어주어 매그럽게 한 다음 핀으로 고정해 머리끝의 컬이 상대적으로 더 풍성해 보이도록 한다.

10 매혹적으로 보이고 싶다면 긴 앞머리는 부드럽게 내려주되 머리 밑은 고데기로 웨이브를 넣어주자. 이 스타일은 강한 컬을 만들지 않고 부드럽게 웨이브를 넣어주어야 한다.

11 고데기로 컬을 넣고 머리 위에서 핀으로 올려 고정하면 할리우드 스타와 같은 매력적인 스타일을 연출할 수 있다. 머리 앞쪽에 올린 컬과 뒤에 길게 내린 머리의 컬이 서로 어울릴 수 있도록 한다.

12 컬을 너무 세게 빗으면 컬이 약해지고 부스스해 보일 수 있으니 되도록 넓은 빗으로 뿌리부분부터 중간 부분까지만 빗어주어 모양을 잡은 후 손가락으로 컬을 정리해 주자.

13 단순히 긴 퍼머넌트머리라면 적갈색과 같은 색으로 염색을 하면 좀 더 강한 인상을 남길 수 있다.

14 영화배우처럼 스타일링 하고 싶다면 머리 앞쪽 부분에 물결모양으로 웨이브를 넣은 후 스프레이로 고정하자.

15 웨이브 머리에 비대칭으로 스타일링 해보자. 핀으로 웨이브 머리를 올려 고정하고 머리 몇 가닥은 빼서 거꾸로 빗어준다.

16 컬보다는 굵은 웨이브머리가 훨씬 매력적으로 보일 수 있다. 이는 모발의 상태가 좋게 보이게 할 뿐 아니라 긴 검은 머리에 더 잘 어울린다.

17 머리에 컬과 매끈하게 빗은 부분의 대조를 확실히 해주면 정교하지만 펑키한 느낌의 올림머리를 할 수 있다.

12

13

14

15

16

17

18 긴 머리에 고데기로 머리에 컬을 넣어 풍성한 머리를 연출할 수 있는데 이 스타일은 매우 활력 넘쳐 보인다.

19 건조한 퍼머넌트머리를 가볍게 빗어주면 풍성해 지면서 보풀이 일어난 것 같은 느낌을 낼 수 있다. 이 스타일은 짧은 퍼머넌트머리에 잘 어울리나 너무 과하게 하지 않도록 주의하자.

20 긴 머리에 볼류마이징 샴푸(volumizing shamoo)와 컨디셔너를 쓰면 더 풍성해 보이는 효과를 얻을 수 있다. 층을 내주면 더 활력 있어 보이고 웨이브도 더 살아난다.

21 짧은 머리도 고데기나 고무줄을 감을 수 있는 길이가 되기 때문에 충분히 컬을 낼 수 있다. 단 짧은 머리에 컬을 낼 때에는 볼륨감이 풍성해 질 수 있도록 해야 한다.

22 머리를 위로 높게 올려 핀으로 고정한다. 그러나 너무 타이트하게 고정하지 말고 자연스럽고 느슨하게 고정한다.

23 부드럽고 스타일리시해 보이도록 연출 하고 싶다면 머리에 옆 가르마를 깊게 탄 뒤 반대 방향으로 머리를 넘겨 핀으로 고정한다.

24 클래식한 스타일을 원한다면 열을 가한 롤러에 머리를 말아주고 위쪽 뿌리는 부드럽게 빗어주기 전에 백콤을 해주어 볼륨감을 넣어준다.

18

19

20

21

22

23

24

25

26

25 긴 퍼머넌트머리를 잘 꼬아 준 다음 핀으로 고정해 예술적 미보다는 좀 더 파격적으로 보이게 했다. 이런 스타일은 대담하지 않은 사람이라면 할 수 없을 것이며 또한 집에서 하기보다는 미용실에서 할 수 있는 스타일이다. 미용실에 가서 직접 이 사진을 보여주어도 무방하다. 이런 모양을 만들기 위해 안에 패드나 다른 보형물을 넣을 수도 있고 많은 핀과 많은 양의 헤어스프레이가 필요하다.

26 가발을 사용하면 밤에 외출할 때 눈에 확 띄는 스타일을 연출할 수 있다. 머리 원래 색과 잘 어울리는 색을 선택하고 머리 아래 부분에 붙여 보이지 않도록 한다. 이런 색다른 머리를 할 때에는 항상 균형과 비율을 잘 생각하는 것이 중요하다.

27 원래 곱슬머리이든 컬을 넣은 머리이든, 머리 중앙에 가르마를 타 양 갈래로 나눈 뒤 머리의 컬과 부드러움을 유지해 주는 헤어제품을 발라준다. 얼굴 주변의 컬이 부스스해지지 않고 선명한 컬을 유지하도록 한다.

28 머리 위쪽부터 내려오는 굉장히 촘촘한 컬은 매우 드라마틱하다. 파이프 클리너(pipe-cleaner)를 사용하거나 아니면 머리를 아주 작게 땋아 준 뒤 매직기로 머리를 잡아주면 모양이 완성된다. 머리 뿌리 쪽은 컬을 넣지 말고 아래 부분의 컬을 잘 풀어주어 볼륨감이 생기도록 한다.

29 머리를 땋아 주기 전 젤을 마르지 않은 머리에 발라준 뒤 빗어서 마르게 내버려 둔다. 강한 컬을 만들어 내지는 않지만 느슨한 웨이브는 부드럽고 캐주얼한 느낌을 준다.

30 머리 앞쪽과 옆에 물결 모양으로 컬을 만들면 일자 단발이 단숨에 파격적이고 복고풍의 느낌을 연출할 수 있다. 시간도 많이 걸리고 연습도 많이 해봐야 하지만 익숙해지기만 하면 매우 아름다운 머리를 연출할 수 있다.

27

28

29

30

31

32

33

34

31 앞머리를 내면 좀 더 현대적인 미를 풍기지만 앞머리를 올리면 복고풍의 미를 연출할 수 있다. 이 스타일은 짙은 어두운 색 머리에 웨이브를 넣어 마치 영화배우 같다.

32 산뜻한 메이크업과 퍼머넌트머리는 지난해 최고의 스타의 이미지를 떠오르게 한다 특별한 행사가 있다면 클래식하면서도 매혹적인 이 스타일을 연출해 보자. 컬이 잘 살도록 크림을 바르고 샤인 스프레이를 뿌리면 훨씬 더 예뻐 보인다.

33 찰랑거리는 짙은 검은 머리에 롤러로 컬을 넣으면 매우 럭셔리하다.

34 긴 금발 머리에 굵은 컬을 넣으면 마치 마릴린 먼로 같은 모습이 가능하다. 컬을 조심스럽게 매만지면서 원하는 모양으로 잘 잡아주고 이마와 정수리 부분에는 머리를 세운다.

35 포니테일 머리나 말아 올린 머리에서 끝에 컬을 넣어주면 또 다른 이미지를 연출할 수 있다. 컬이 풀리지 않도록 스프레이를 많이 뿌린다.

36 올린 머리는 자칫 너무 딱딱해 보일 수 있다. 먼저 머리에 고데기로 컬을 넣은 후 볼륨감과 활력이 생기도록 한 뒤 원하는 모양으로 올려 고정한다. 자연스럽게 흘러내리는 머리는 훨씬 부드럽게 보이도록 한다.

37 원래 곱슬이 심한 머리일지라도 환상적인 스타일을 연출할 수 있다. 모양만 균형 있게 잘 잡는다면 얼굴이 훨씬 깔끔해 보인다.

38 머리에 가르마를 너무 똑바로 타거나 너무 많이 손질한 티는 내지 않도록 하자. 자연스럽게 가르마를 타주면 컬이 한층 부드러워 보인다.

39 턱 선까지 내려오는 곱슬머리는 모양만 예쁘게 잘 잘라주면 매우 매력적일 수 있으며 관리 또한 쉽다.

40 중간 머리 또는 긴 머리를 고무줄(bendy rod)로 컬을 만들면 컬이 잘 풀리지 않으면서도 선명한 웨이브머리의 효과를 낼 수 있다.

35

36

37

38

39

40

BaByliss
BaByliss PRO
BaByliss

Styling tools and techniques
스타일링 도구의 종류와 사용법

미용도구에는 여러 가지 종류의 브러시, 빗, 액세서리, 도구, 헤어제품, 고데기 등이 있다. 이번 단원에서는 그 종류들을 소개하고 어떻게 사용할 수 있는지 어떤 옵션들이 있는지 알아보겠다. 많은 미용 도구가 있을지라도 어떻게 사용해야 하는지 제대로 배워야만 한다. 여러 스타일을 연출할 때 필요한 기본적인 테크닉(헤어드라이기 사용법에서부터 고데기 사용법까지)에 대해 단계별로 차근차근 알아가도록 하자.

Styling tools 스타일링 도구들

적절한 도구를 사용해야 스타일링이 쉬워질 뿐 아니라 더 활력 있는 머리를 연출할 수 있다. 빗, 핀들은 스타일링에 있어서 기본적인 도구들인데 오늘날 그 선택할 수 있는 범위는 매우 다양해졌다. 다음의 가이드는 가장 적절한 도구들을 찾는데 도움이 될 것이다.

브러시(hairbrushes)

엉킨 머리를 풀어주거나 부드럽게 해주며 모양을 잡는데 필요한 브러시는 돼지 털, 플라스틱, 나일론, 나무나 플라스틱, 고무가 첨가된 철사를 술로 엮어 만든 도구이다. 빗으로 머릿결을 따라 빗어주면 조그맣게 파인 홈 안으로 머리가 모아지면서 머리를 부드럽게 해준다. 브러시의 털 사이사이 공간은 매우 중요한 역할을 하는데 보통 배열의 공간이 넓을수록 머리가 더 잘 빗겨진다.

머리를 빗는 목적은 엉킨 것을 풀거나 머릿결을 부드럽게 해주기 위해서이다. 머리 뿌리부터 머리끝까지 빗으로 빗어주면 죽은 두피 세포나 먼지, 모 표피 등을 제거해 주어 빛에 훨씬 잘 반사 되도록 한다. 또한 빗질은 모낭에 혈액이 더 잘 공급될 수 있도록 도와주어 모발이 건강하게 자랄 수 있도록 자극하기도 한다.

천연 모는 천연케라틴 (모발과 같은 물질)으로 만들어 지기 때문에 마찰이 덜 생기게 한다. 이는 머리에 윤기가 생기도록 해주며 정전기가 일어나지 않도록 도와주기도 한다. 하지만 젖어있거나 두꺼운 모발은 잘 빗어지지 않아서 모발이 가늘거나 숱이 없을 때는 가는 모를 사용해야 한다. 끝이 뾰족한 빗은 두피에 상처를 줄 수 있으므로 조심한다.

▲ 스타일과 헤어타입에 따른 수많은 브러시들이 있다. 몇 가지 정도는 미리 준비해두자.

플라스틱과 나일론, 철사로 만들어진 모는 쉽게 깨끗해지고 열에 대한 저항력도 있기에 헤어드라이기를 사용할 때 적합하다. 그러나 열이 너무 심하면 손상될 수 있으니 조심하도록 해야 한다.

• 납작하거나 반 둥근 빗

젖은 머리를 말릴 때에는 납작하거나 반 둥근 모가 좋은데 스타일링 할 때에는 적합하진 않다.

납작한 판에 촘촘하게 달려있는 모는 머리를 부드럽게 하거나 머리를 펴야 할 때 유용하다. 사이사이 공간이 넓고 두꺼운 모는 긴 머리를 빗어 내릴 때 특히 더 좋다. 납작한 빗으로 머리를 끝에서 밖으로 빼주면서 빗어주면 생기 있는 머릿결을 만들 수 있다.

◀◀ 벤트 브러시는 공기가 자유롭게 통할 수 있어 젖은 머리를 부드럽게 하는데 좋다.
◀ 납작한 빗 또는 패들 브러시는 머리를 부드럽게 하고 곧게 펴는데 좋다. 이 빗의 술은 핀들이 고무로 만들어진 쿠션 위에 박혔다.

▶▶ 머리가 쉽게 손상되거나, 끝이 갈라지는 경향이 있다면 부드러운 브러시를 사용해라. 머리가 더 손상되지 않으려면, 너무 강하게 빗지는 마라.
▶ flat-backed brush는 머릿결을 부드럽게 하고, 긴 머리를 할 때, 손쉽게 내려주고, 차분한 스타일이 가능하게 한다.

• **패들 브러시(paddle brush)**
넓고 납작한 패들 브러시는 아름다운 긴 생머리를 연출할 수 있을 뿐 아니라 웨이브 머리도 곧게 펴는데 유용하다. 패들에 붙어 있는 고두 쿠션 또한 머리를 부드럽게 해주고 정전기도 방지해 준다.

• **뉴매틱 브러시(Pneumatic brushes)**
많이 쓰이는 이 빗은 반 둥근 형태로 술 아래 고무가 깔려 있으며 에어쿠션이 들어가 있는 빗이다. 플라스틱, 천연 모 또는 혼합해서 만들어 질 수도 있으며 어떤 타입의 머리에도 쓸 수 있고 정전기를 방지해주는 데도 효과적이다. 나일론으로 만든 술은 천연 모 보다 더 자주 엉킬 수 있기에 머릿결을 부드럽게 유지해 주는 천연모가 가는 머리카락에도 더 적합하다.

• **벤트 브러시(Vent brushes)**
보통 플라스틱으로 만들어진 이 빗은 구멍이 뚫려 있고 중간 통로는 비어 있어 머리를 말릴 때 공기가 통할 수 있도록 만들어 졌다. 특별 재질의 모 또는 핀의 패턴으로 만들어질 수 있는데 이는 머리가 젖어 있을 때에도 엉킨 것을 잘 풀 수 있도록 하기 위해서이다. 구멍과 브러시 안에 있는 공간 때문에 빗과 머리 사이로 공기가 자유롭게 드나들 수 있어 머리가 더 빨리 마른다.

• **드라이 빗(Circular or radial brushes)**
크기와 원 모양에 따라 다양한 종류가 있으며, 반원 모양도 있다. 촘촘히 모가 박힌 빗은 머리를 더 단단하게 잡아주고 좀 넓게 모가 구성된 빗은 공기를 더 쉽게 컨트롤 할 수 있어서 엉킨 부분을 잘 풀어 줄 수 있다.

금속과 세라믹의 발전으로 드라이 할 때 빗이 열을 잘 유지할 수 있게 되었고 모양(롤러같이)도 더욱 다양해 졌다. 다음과 같은 용도로 사용하자.

• 자연곱슬머리 혹은 웨이브 머리를 빗을 때 사용하자.
• 머리를 말릴 때 부드럽게 하고 싶다면 머리를 끝까지 잘 빗어주면 효과적이다.
• 웨이브 또는 컬을 넣고 싶을 때 롤러처럼 머리를 말아준 다음 드라이 해주면 된다. 머리를 말아 놓은 채 조금 있으면 열이 식으면서 컬이 더 잘 유지된다.
• 머리를 말릴 때 머리 뿌리를 세우고 싶을 때 사용할 수 있다. 빗의 지름과 크기가 머리의 볼륨과 생동감을 결정할 것이다. 지름이 큰 빗은 더 부드러운 컬을 만들고 작은 것은 자잘한 컬을 만든다. 지름이 큰 빗을 고를 때는 머리가 충분히 빗을 감을 수 있는 길이인지 확인해야 한다. 그러니 짧은 머리라면 사지 않는 것이 좋다.

• **스타일링 브러시(Dressing-out brush)**
이 빗은 좁고 술이 몇 줄 안 되고 손잡이가 뾰족하게 꼬리처럼 달려있다. 이 빗은 머리 뒤쪽 뿌리에 볼륨을 넣을 때 유용한데 스타일링 할 때 특히 필요한 빗이다.

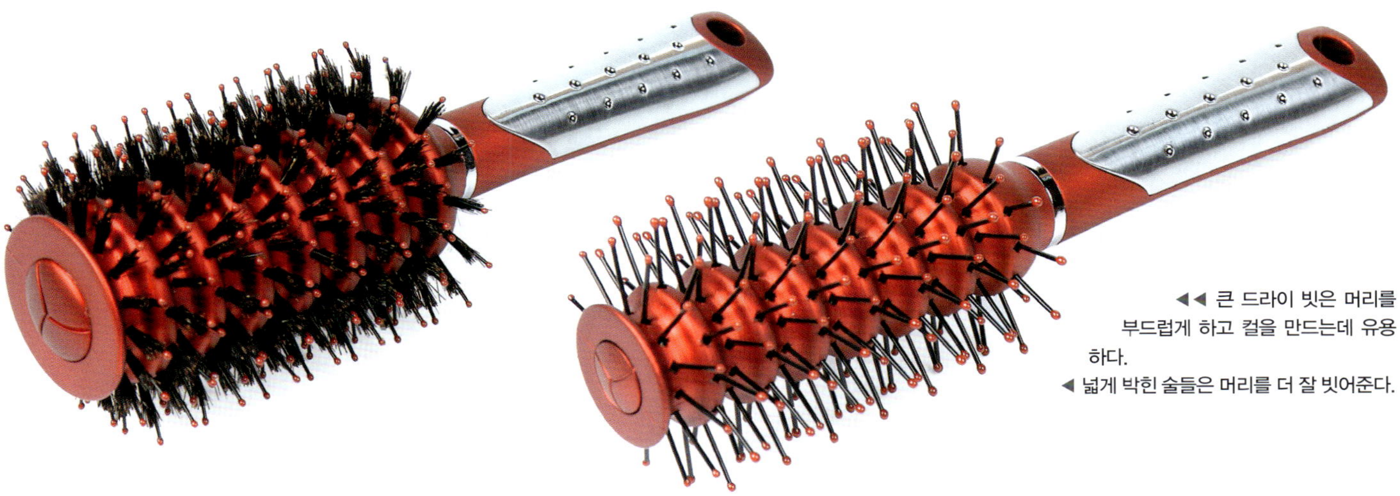

◀◀ 큰 드라이 빗은 머리를 부드럽게 하고 컬을 만드는데 유용하다.
◀ 넓게 박힌 술들은 머리를 더 잘 빗어준다.

▲ 젖은 머리는 브러시보다는 빗을 사용해 빗는 것이 좋다. 브러시는 마른 머리일 때 보다 젖은 머리일 때 잘 빗겨지지 않아 손상을 가할 수 있고 젖은 머리는 더 부드러운 손질이 필요하다.

▲ 납작한 집게 핀은 머리에 가르마를 탈 때 매우 유용하고 머리가 마르는 동안 컬이 있는 부분에 꽂아 놓으면 고정하기 훨씬 편하다.

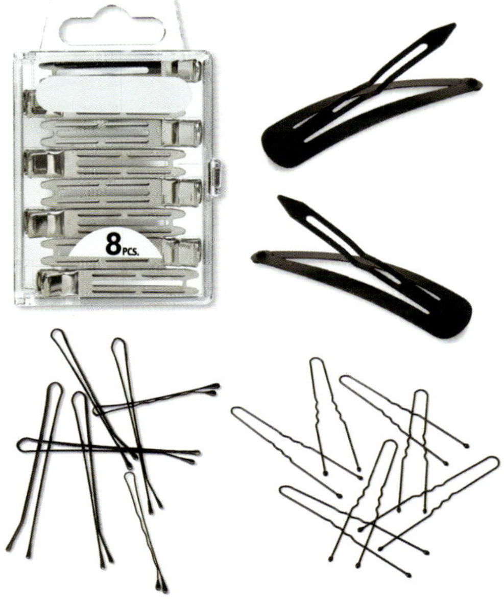

[왼쪽 위부터 시계 방향으로] 더블핀(clip), 스냅 클립, 털핀(open-ended fine hair pin), 보비핀

빗(combs)

좋은 빗을 고를 때 이가 톱과 같은 모양인지 잘 보고 선택해야 한다. 즉 각 이가 잘 깎여 있어야 한다는 의미이지 끝이 뾰족해야 한다는 의미가 아니다. 이가 손상된 빗의 틀을 가져다가 이만 따로 붙여 만든 싼 플라스틱 빗은 사지 말자. 보통 이런 빗의 이는 매우 날카로워서 두피를 긁어내기에 손상을 줄 수가 있다.

- **이 사이가 넓은 빗**(wide-toothed combs)은 엉킨 머리를 풀 때 유용하게 쓸 수 있다.
- **이 사이가 좁은 빗**(fine-tail combs)은 스타일링 할 때 혹은 가르마를 탈 때 유용하다. 가르마를 정확하게 타려면 이 빗이 가장 좋다
- **곱슬머리 전용 빗** (Afro combs)은 컬에 빗이 잘 걸리지 않도록 만들어졌다.

핀과 클립

용도부터 가격까지, 핀과 클립의 종류는 무척 다양하다.

- **끝이 넓게 벌어진 실 핀**(open-ended and fine hair pins)은 머리를 나눌 때 사용할 수 있는데 특히 올림머리를 할 때 사용하면 좋다. 작으면서도 구부려진 모양이기 때문에 작은 양의 머리를 고정할 수 있다. 이 핀은 헤어컬러와 잘 맞는 것만 고르면 잘 보이지 않는다. 뿐만 아니라 퍼머넌트머리를 손질할 때 임시로 고정시키는 용도로도 사용할 수 있는데 클립처럼 자국을 남기지 않아 편리하다.
- **트위스트 실 핀**(twisted pins)은 끝이 넓게 벌어진 실 핀과 비슷하게 생겼으나 좀 더 나사 모양에 가깝다. 이 핀은 머리를 틀어 올리거나 (French pleat) 올림머리를 할 때 유용하다.
- **보비 핀**은 머리에 납작하게 꽂히는 핀이다. 핀 사이를 벌려 머리에 꽂고 밀어 넣으면 머리 안에 보이지 않게 고정할 수 있다. 색도 다양하니 머리에 어울리는 것을 고르면 되겠다.
- **집게 핀**(sectioning clip)은 눌러서 고정하는 부분이 두 개의 뾰족한 촉으로 이루어져 있다. 이 핀은 대개 다른 한 쪽 머리를 손질하는 동안 흘러내리지 않도록 임시로 고정할 때 사용된다.
- **스냅 클립**(snap clips)은 보비 핀 보다 머리를 더 단단하게 고정할 수는 있지만 가리기는 쉽지 않다. 핀 사이가 잘 벌어지므로 바깥 부분과 안쪽 부분 사이로 머리를 잘 집어넣어야 한다. 스냅 클립 또한 색이 다양해 원하는 색을 선택할 수 있다.

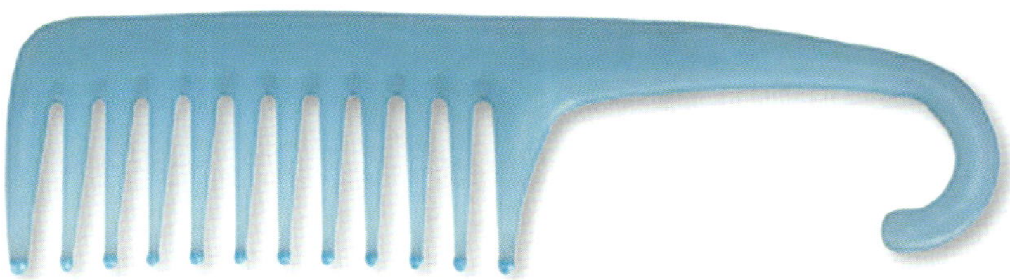

◀▲ 이 사이가 넓은 빗은 어떤 머리 손질에도 필요하나 특히 젖은 머리에서 엉킨 머리를 풀어 줄 때 좋다.
◀▼ 이 사이가 얇은 빗은 머리 스타일링을 마무리 지을 때 꼭 필요한 빗이다.
◀ 곱슬머리 전용인 이 빗은 뿌리부분이 엉키지 않고 잘 세워 질 수 있도록 도와주기 때문에 퍼머넌트머리에 적합한 빗이다.

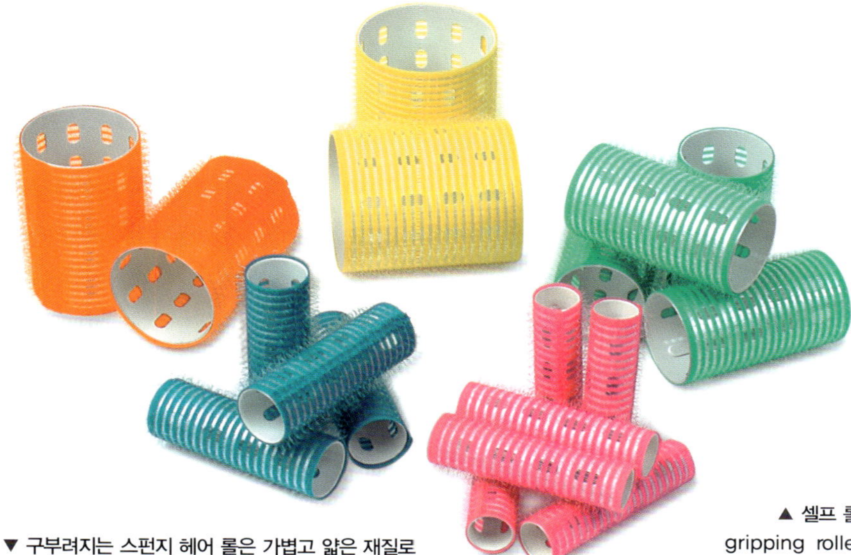

▼ 구부려지는 스펀지 헤어 롤은 가볍고 얇은 재질로 덮혀 있다.

▲ 셀프 롤러(Self-gripping roller)는 집게로 고정하지 않아도 된다.

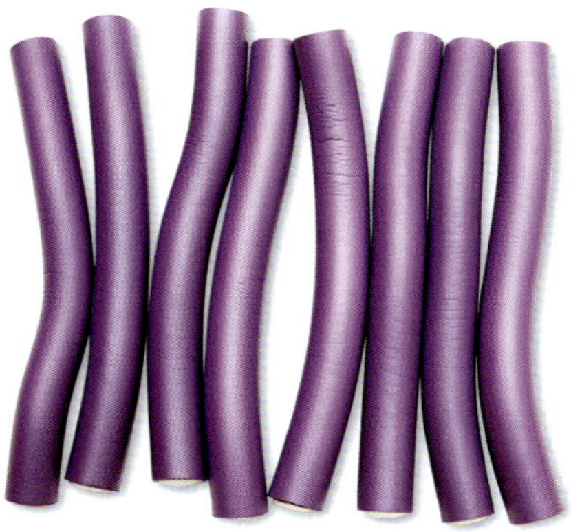

롤러

웨이브와 컬을 넣을 때 사용되는 롤러는 지름, 길이, 재질에 있어서 매우 다양하다.

- 부드러운 롤러는 끝이 뾰족하지도 않고 털도 없어서 매끄러운 웨이브, 컬을 만들 수는 있지만 머리에 고정하기가 조금 어렵다.
- 브러시 롤러는 훨씬 대중적인 것으로서 특히 핀이나 클립이 없이 자체만으로도 머리를 고정할 수 있다.

스펀지 헤어 롤(Shaper or rods)

부드럽고 강한 컬을 만드는 이 도구는 매우 유용한 도구이다. 천으로 머리를 말아 올리는 원리로부터 고안되었다. 부드럽게 꼬인 끈은 유연한 고무, 플라스틱, 혹은 면으로 만들어 져서 자연스러운 컬을 만들어 낸다. 스펀지 헤어 롤(Shaper)중심에는 철사가 있어서 원하는 모양대로 구부릴 수 있다. 머릿결이 많이 약해진 퍼머넌트머리나 염색머리에 큰 무리 없이 사용할 수 있다.

사용방법은 먼저 머리에 가르마를 타고 말린 다음 잡아 댕겨준다. 그 다음 머리끝을 헤어 롤에 감는다. 그 다음 뿌리 쪽으로 돌돌 감아 올린 다음 접어서 고정한다. 30~60분 정도 열을 가하지 않고 그대로 놔두거나 10~15분 정도 열을 가한다. 머리를 말기 전에 꼬아서 감아주면 훨씬 더 풍성한 스타일을 연출할 수 있다.

◀▼ 열을 가한 롤러를 머리에 감고 클립으로 고정시킨 후 식을 때 까지 그대로 놔둔다.

▼ 머리를 올릴 때 롤러로 머리를 말아주거나 고데기를 사용해 컬을 만들면 모양도 더 예뻐지고 볼륨감도 훨씬 많이 생겨 풍성해 보인다.

Heated appliances 열기구

많은 종류의 열 제품들은 머리를 빠르고 쉽게 손질 할 수 있도록 도와준다. 계속해서 이러한 기구들이 발전한다는 점은 바로 늘 새롭고 향상된 제품들이 만들어 진다는 사실을 알려준다. 다음은 그 중 몇몇 주요 제품들과 기능에 대한 설명들이다.

현대 기술

전기로 만든 스타일링 미용도구들은 테크닉도 다양할 뿐 아니라 그 재질도 매우 많다.

- **이온 기술**은 음이온을 이용해 머리의 수분을 더 빨리 제거하는 기술이다. 이 음이온은 물의 분자를 더 작은 원소로 쪼개어 더 빨리 증발시켜 말리는 시간을 단축한다. 또한 이 음이온들은 두피를 더 단단하게 해주어 머릿결이 더 부드럽고 빛나게 해주며 곱슬기를 제거해 준다.
- **세라믹히터(ceramic heat elements)**는 열을 더 골고루 가해주기 때문에 약한 열로 머리를 손질 할 수 있다. 고데기에 붙어 있는 세라믹 판이 다른 어떤 재질 보다 머리를 더 부드럽게 해준다는 견해가 있다.
- **적외선 기술**은 적외선을 멀리서 쬐어주어 사용하는 방법인데 그러면 머리가 더 빨리 마르고 직접 열을 가하는 방법보다 덜 손상된다고 한다.
- **전기석(Tourmaline)**은 음이온과 적외선에 미네랄을 함유시킨 기술을 말한다. 이 기술이 드라이기와 접목되면 머리의 수분을 지켜주고 더 빨리 말릴 수 있다. 스타일링 제품과 접목되면 머리를 더 부드럽고 빛날 수 있도록 도와준다. 전기석과 세라믹 물질은 보통 같은 제품에 함께 섞여 고안된다.

드라이기

젖은 머리를 드라이 할 때 헤어드라이기를 사용하면 머리를 부드럽게 해 주고 펴주거나 웨이브를 넣어줄 수도 있으며 머리를 세우고 볼륨감을 넣을 수도 있다.

바람이 나오는 좁은 입구는 헤어드라이기 끝에 위치해서 열의 흐름이 바로 이동될 수 있도록 한다. 특히 머리를 부드럽게 하는데 적합하다. 디퓨저도 마찬가지로 공기를 내보내나 말리는데 시간이 좀 더 오래 걸린다. 머릿결을 유지해 주는 용도로 쓰며 특히 퍼머넌트머리에서 컬을 유지해 주는데 좋다. 일반 헤어드라이기를 사용하면 머리가 부스스해 질 수 있다.

여행갈 때 조그만 헤어드라이기를 가지고 다니면 좋다. 다만 듀얼 볼트인지 확인하도록 하자. 다음은 헤어드라이기를 살 때 주의해야 할 사항이다.

- 모터가 적어도 1500와트여야 한다(이는 모터의 세기로서 얼마나 빨리 작동 하는 지와 관련되어있는데 이 세기에 따라 머리를 말리는 시간이 단축된다).
- 강, 약의 조절 버튼이 있는지 확인한다.
- 온도를 맞추는 옵션과 차가운 바람이 나오는 버튼이 있어야 한다(차가운 바람을 써야 할 때가 있다).
- 최신기술의 미용도구를 대표하며 오늘날 머리를 말리는 시간을 단축해 준 이온기술을 사용하였는지 확인한다.

머리 말릴 때 필요한 팁

- 항상 드라이기를 세워서 공기가 모간 사이를 잘 통과할 수 있도록 해야 한다. 두피를 부드럽게 해주어 빛이 나게 할 수 있다.
- 두피 너무 가까이에 드라이기를 대지 않는다. 잘못하면 화상을 입을 수도 있다.
- 머리를 다 말리고 나면 차가운 바람으로 전체적으로 쏘여주고 완전히 말랐는지 확인해야 한다. 따뜻한 모발은 다 마르지 않아도 마른 것처럼 보일 수 있다.
- 필터가 없는 드라이기는 사용하지 않는다. 모발이 쉽게 기계 안으로 빨려 들어가 손상될 수 있다.

[왼쪽에서 오른쪽으로]
매직기, 작은 고데기, 좁은 구멍이 달린 헤어드라이기

◀ 열세팅 형식은 많은 제품이 있다. 사진에 보이는 업라이트 롤러도 그 중 하나이다.
▼ 핫 스틱은 구부릴 수 있는 로드들이 있다. 이는 소형의 롤러들과 같은 역할을 한다.

매직기(straightening irons)

가끔은 납작 고데기라고도 불리는 이 매직기는 납작한 두 개의 면이 열로 달구어져 머리를 사이에 넣고 끝까지 당겨주면 머리가 부드럽게 펴진다. 이 도구는 퍼머넌트머리, 부스스하게 엉킨 머리도 매끄럽게 펴줄 수 있다.

오늘날 고데기는 열로 컨트롤 할 수 있도록 만들어 졌는데 코드에 달린 디지털 디스플레이에 열의 세기 정도를 볼 수 있거나 아니면 자체가 달구어 진다. 머리의 길이에 맞게 매직기의 판과 넓이를 고를 수 있으며 또한 웨이브를 넣고 싶으면 둥근 모양의 고데기를 이용하면 된다. (열판 사이에 머리를 넣고 머리를 고데기의 둥근 부분에 감아준다.) 이온기술 및 세라믹의 발전은 고데기가 다용도로 사용될 수 있도록 상당히 많은 기여를 해왔다.

아이론 퍼머넌트 고데기

이 고데기는 두 개의 꼬불꼬불한 금속판으로 구성되어 있어서 생머리에 물결모양의 컬을 만들 수 있다. 몇몇 제품은 양면 혹은 이중으로 사용할 수 있어 다른 스타일링도 할 수 있다. 또한 특별하게 꾸미고 싶거나 볼륨을 풍성하게 넣고 싶을 때도 사용할 수 있다. 그러나 마른 머리에만 사용하도록 해야 하고 열로부터 보호해주는 스프레이를 뿌려 머리카락이 타는 것을 막아주어야 한다.

고데기

고데기는 원통 모양에 두 부분으로 나누어져 있는데 밑 부분에 홈이 파여 있어 스프링에 의해 벌어졌다 다물어졌다 할 수 있다. 머리를 그 사이에 집어넣고 감은 다음 원통에 말아 올린 다음 고정할 수 있다.
이 원통의 지름과 크기는 하고 싶은 컬의 종류, 머리 길이에 따라 다양하다. 다 마른 머리에만 사용하고 열로부터 보호해주는 스프레이를 뿌려주어 열 손상으로부터 막아주어야 한다.

핫 브러시(Hot brushes)

머리에 컬을 넣을 때 눌러 고정시킬 필요가 없는, 고데기와 비슷한 도구를 찾는다면 핫 브러시를 이용하면 좋다. 핫 브러시에 있는 털이 머리를 잡고 있기 때문에 눌러서 고정시킬 필요가 없다. 또한 핫 브러시는 크기도 다양해 다양한 크기의 컬을 만들 수 있다. 이 도구는 짧거나 중간 머리길이에 잘 어울린다고 하며 특히 뿌리를 세울 때 용이하다.

열 세팅기(Heated rollers)

20개 정도 되는 다양한 크기의 롤러들이 한 세트 안에 들어 있는 것으로서 각 사이즈에 맞는 클립도 함께 포함되어 있다. 초기 모델은 스파이크가 달려있어 머리가 잘 말아져서 여성들이 선호했었는데 그래도 표면이 부드러운 롤러들이 손질했을 때 더 예쁘게 나온다.

오늘날 몇 가지 새 모델들이 출시되었는데 표면이 고무로 되어 있어 머리를 더 부드럽게 손질할 수 있는 모델, 머리모양을 따서 만든 굽은 원통 모양, 클립으로 고정시키는 모델 등이 있다.

핫 스틱(Hot sticks)

스펀지 롤러와 비슷한 이 제품은 긴 막대기에 열을 가하면 유연해져서 끝을 구부려 고정시켜 사용하는 제품으로서 핀이 따로 필요없다. 세라믹으로 만든 모델도 있고 다른 재질을 사용해 만든 모델도 있다. 스틱이 뜨거워지면 머리를 말아 고정하고 열이 식을 때까지 놔두면 작은 컬을 만들 수 있다.

스타일링 팁

- 열을 사용해서 머리를 말리면 정전기가 생기면서 머리가 부스스해 질 수 있다. 이 때 손으로 머리를 부드럽게 쓸어 내려주면 정전기가 덜 생긴다.
- 뿌리까지 컬을 넣고 싶다면 고데기와 두피 사이에 빗을 넣어준다. 빗이 하나의 방어벽 역할을 해서 화상을 막아준다.
- 스타일링이 끝나기 전에 고데기가 완전히 식을 때 까지 놔둔다.

Did you know?

- 되도록이면 유명한 회사에서 나온 전기제품을 사고 안전성이 표준 기준에 맞는지 확인한다.
- 전기제품은 쓰지 않을 때 항상 플러그에서 분리시켜 놓고 아이들이 손에 닿지 않는 곳에 보관한다.
- 젖은 손으로 전기제품을 만지지 말고 물 근처에서 사용하는 일은 없도록 한다.
- 제품에 코드를 단단하게 말아놓지 말고 느슨하게 말아놓고 안전하게 보관한다.
- 모든 전기 제품은 주기적으로 연결된 부분에 손상이 없는지 항상 확인하도록 한다.
- 필터는 정기적으로 갈아주어야 한다. 필터가 막혀 있으면 머리를 말릴 때 잘 말려지지 않고 결국 과열이 되어 머리카락이 끊어질 수 있다.
- 열 방지 매트와 함께 사용하면 좋은데 요즘 제품들은 보통 함께 나온다.
- 오래 켜져 있으면 자동적으로 꺼지는 제품을 사는 것이 좋다. 항상 전원을 끌 필요가 없다는 건 아니지만 사고를 방지하는데 도움이 된다.

Styling products 스타일링 제품

스타일링과 마무리 할 때 쓰는 제품은 머리를 말리거나 스타일링 하는 과정을 좀 더 쉽게 할 수 있도록 도와주고 손질한 상태가 좀 더 오래 갈 수 있도록 도와주기 위해 고안되었다.

스타일링 연습과 더불어 올바른 제품을 사용하면 집에서 미용실에 다녀온 효과를 낼 수 있다. 각 제품들이 무엇을 어떻게 도와줄 수 있는지 체크해 보도록 하자. 많은 제품들이 머리를 가볍게 또는 단단히 고정시키는데 사용할 수 있다.

스타일링 하기

• **드라이 로션, 스타일링 크림 및 스프레이**는 보통 손가락을 사용해 머리 전체에 골고루 발라준다. 머리를 말릴 때 사용하면 손질한 모양대로 유지할 수 있다. 이 제품들은 리브인 컨디셔너(leave-in conditioner)와 비슷한데 스타일링 하는 동안 머리의 손상을 막아준다.

• **무스**는 가장 다용도로 쓰이는 제품이다. 분무기처럼 뿌릴 수 있게 만들어 지고 거품처럼 나오기 때문에 머리 전체에 골고루 잘 바를 수 있고 젖은 머리, 마른 머리 상관없이 쓸 수 있다. 무스는 머리에 영양을 넣어줄 수 있는 컨디셔닝과 단백질이 포함되어 있는데 이 성분들은 모발을 보호해 준다. 가볍게 고정시키거나 강하게 고정시킬 수 있으며 눌린 뿌리를 세우거나 부스스한 잔머리들을 부드럽게 해줄 수 있다. 머리를 말릴 때 사용하되 디퓨저를 사용하고 머리를 털면서 말려준다.

• **헤어 볼륨마이저(Volumizers) and 헤어 디크너(thickeners)**는 축 처진 머리나 힘없는 머리를 세워주는데 도움이 된다. 스타일링 하기 전에 젖은 머리에 발라주고 머리끝 보다 뿌리부분 중심에 발라준다. 보통 가는 모발용이 많기 때문에 로션이나 가벼운 젤처럼 굳기도 한다.

• **젤**은 젤리 같은 성분부터 액체 스프레이까지 그 점도가 다양하지만 무스나 로션보다는 무겁다. 젤은 스컬프팅로션 (sculpting lotions)이라고도 불리는데 세세하게 손질할 때 사용된다. 젤은 머리 전체에 골고루 발라도 되고 또는 원하는 부분에만 발라도 된다. 머리 뿌리를 세우고 싶거나 부스스한 머리를 차분하게 하고 싶을 때, 머리 몇 가닥을 뺄 때, 정전기를 없애고 싶을 때, 컬이 풀리지 않도록 고정시키고 싶을 때 사용할 수 있다. 액상 젤을 사용하면 머리가 말랐을 때 더 매끈해 보인다.

• **컬 액티베이터 및 헤어 밤(Curl-activators or hair balms)**은 웨이브 또는 퍼머넌트머리를 펴주는데 사용할 수 있다. 가벼운 젤처럼 펌프 스프레이 용기로 나와 넓은 빗으로 머리를 빗어주며 발라주면 머리 전체에 골고루 바를 수 있다. 컬 액티베이터(가끔 리바이탈라이저 revitalizer 라고도 불린다)는 컬이 풍성하게 유지 될 수 있도록 수분을 지켜준다.

▶ 다양한 스타일링 제품은 각기 다른 기능을 가지며 필요에 따라 몇 가지 제품을 함께 사용할 수 있다.

• **열 손상용 스프레이와 컨디셔닝 스프레이 및 크림** (Heat-protective sprays and conditioning sprays and creams)은 마른 머리에 전체적으로 골고루 발라주고 그 후 열을 이용하는 롤러나 매직기, 고데기, 아이론퍼머넌트용 고데기를 사용한다. 이 제품들은 과한 열로부터 오는 손상을 방지해 줄 수 있다.

마무리하기

• **헤어스프레이**는 전통적으로 머리를 고정할 때 사용했으며 그 굳기의 정도가 다양하다. 헤어스프레이는 컬이 약할 때 뿌려주면 컬이 더욱 강해지고, 또는 롤러로 머리를 세팅한 상태에서 뿌려줄 수도 있다. 헤어스프레이를 뿌리고 나서도 머리를 손질할 수 있어 원하는 모양으로 마무리할 수 있다.

• **세럼(Serums), 글로서(glossers), 폴리시(polishes), 샤인 스프레이(shine sprays)**는 오일이나 실리콘으로 만들어 지는데 이는 머리 표면에 미세한 필름을 형성해 머리를 빛나고 부드럽게 해준다. 내용물은 가벼운 액체부터 오일 같은 느낌의 액체까지 다양하다. 또한 모표피를 부드럽게 해주기 위한 성분이 들어가 있는데 두피가 가라앉도록 해주어 빛을 더 잘 반사해 훨씬 윤기 있어 보이게 한다. 이 제품은 머릿결의 촉감을 부드럽게 하고 정전기와 부스스함을 방지해주며 머리에 윤기를 더할 뿐 아니라 끝이 갈라지지 않도록 한다.

• **왁스(Waxes), 크림(creams), 포마드(pomades)**은 카나바(브라질 야자나무에서 나는 열매)와 같은 천연 왁스로 만들어 지는데 미네랄 오일이 포함되어 있어 머리를 부드럽게 해주고 라놀린(lanolin)의 성분은 머릿결이 유연할 수 있도록 해준다. 왁스는 머리를 부드럽게 해주는 용도로도 쓸 수 있지만 동시에 고정시킬 때도 사용할 수도 있다. 포마드는 야채성분의 왁스와 오일을 포함하고 있어 머리에 광택을 더한다. 이 제품들은 수용성이어서 머리에 잔여물이 남지 않는다. 머리를 손질 할 때, 올림머리 할 때, 부스스함과 정전기를 없앨 때도 효과적이다.

◀ 제품들은 머리에 어떻게 사용하느냐에 따라 무스, 스프레이, 세럼, 젤, 크림 등의 형태로 나온다.

▲ 헤어스프레이는 머리를 올리고 마무리 할 때 사용하기에 가장 좋은 제품이다. 플렉서블(flexible)또는 워킹(working)스프레이는 스타일링 도중에 사용할 수 있다.

Did you know?

• 브러시에 헤어스프레이를 살짝 뿌린 뒤 빗으면 머리끝이 날리는 것을 방지할 수 있다.
• 머리 뿌리에 헤어스프레이를 뿌리거나 고데기나 머리를 말리는 부분 근처에 뿌리면 머리를 곧바로 세울 수 있다.
• 젤은 그 다음날에 젖은 손으로 머리를 빗어주면 다시 딱딱해 진다.
• 열을 사용해 머리를 손질 할 때 스타일링 로션을 바르고 싶다면 열 온도로부터 보호해 줄 수 있는 제품인지 확인하도록 한다.

Basic styling techniques 스타일링의 기본 테크닉

머리를 손질하는 방법은 한 리스트에 나열해도 부족할 정도로 다양한 방법이 있지만 여기에서는 머리 모양을 더 다양하게 스타일링 할 수 있도록 도와주는 가장 기본적인 테크닉들을 모아 놓았다. 많이 연습하면 연습할수록 실력은 향상된다!

드라이 테크닉

• **손으로 머리를 빗으며 말려주면** 모발은 한층 부드러워지는데 모발상태가 좋을 때 효과가 있어서 쉽게 멋을 낼 수 있다. 특히 짧은 머리를 말릴 때 유용한데 머리에 어떤 제품도 바르지 않은 상태에서 말려주면 그 효과는 더 뛰어나다.

빗이나 브러시를 사용할 때 말고 손으로 머리를 말릴 때는 머리를 세워주며 원하는 방향대로 털어주며 말리면 자연스러워진다. 헤어드라이기를 낮은 온도로 맞춰놓고 말려주어도 좋다. 이때 머리 사이로 손가락을 집어넣어 잡아준 뒤 한 쪽 방향 또는 얼굴 반대방향으로 털어주며 말린다.

• **스크런치 드라이(scrunch drying)테크닉**은 보통 이미 퍼머넌트를 한 중간 길이의 머리, 혹은 긴 머리에 이용하면 좋은데 훨씬 풍성하고 컬을 살릴 수 있다. 헤어드라이기로 말리면서 축 축한 머리를 손으로 움켜잡고 컬 모양대로 눌러주되 열이 통할 수 있도록 반복적으로 손을 잡았다가 놓아준다. 머리가 마를 때까지 손을 떼지 말고 계속해서 원하는 컬이 나오도록 손질한다.

머리를 다 말렸거나 또는 손질을 마무리 하고 싶으면 손가락과 손바닥 사이에 머리를 넣고 반복해서 잡았다 놓아준다. 무스나 젤, 왁스를 바르면 머리를 고정시키는데 도움이 된다.

▲ 롤러는 뿌리를 세우고 볼륨을 넣고 컬을 만드는데 있어서 가장 좋은 방법이다.

• **자연스럽게 말리는 방법**은 머리에 계속해서 열을 가하는 습관에서 잠시 벗어나게 해준다. 머리가 젖었을 때 더 탄력을 지니며 마르고 나면 브러시나 빗으로 빗어주며 드라이 해준다. 머리의 탄력은 머리가 젖으면 다시 생긴다(샴푸 했을 때나 공기로부터 수분을 흡수 했을 때). 머리를 자연스럽게 놔둔 채 말릴 때는 충분히 펴지지 않을 수 있으니 머리를 따로 펴주어야 한다.

세팅 테크닉

머리를 스타일링 하거나 어떤 특정 모양으로 손질하는 것은 자연스럽게 되는 부분이 아니다.

머리가 어떤 모양이 될 수 있도록 젖은 상태여야 하고 일정 과정을 거친 후에 말려야 한다. 아니면 머리에 다시 물을 묻혀 주어야 한다.

세팅 테크닉은 컬, 머리 펴기, 아이론 퍼머넌트, 웨이브 등 다양하다. 이 방법들은 머리에 물만 묻히면 쉽게 사라져 원래 모습대로 돌아온다.

◀ 열을 이용한 도구는 머리카락이 쉽게 손상되고 심하면 데일 수도 있으므로 늘 조심스럽게 사용해야 한다.

화학제품 사용하기

가끔은 '기술에 의한 서비스'하고도 불리는데, 이는 화학제품을 사용하여 머리를 영구적 혹은 반영구적으로 바꿔놓는 것이다. 일반적으로 염색, 탈색, 퍼머넌트, 매직 등이 포함된다.

헤어 연출(Dressing hair)

이는 머리를 자르거나 세팅하지 않고 화학제품도 쓰지 않은 채 묶고 감싸고 핀으로 고정해 가지각색 모양으로 만들어 내는 방법을 가리킨다. 많은 스타일이 다음에 나오는 사항들을 기반으로 혼합된다.

- **수직 롤(Vertical rolls, 플리트, 프렌치 플리트, 또는 엄지 롤이라고도 불린다)**은 머리를 빗은 후 90도 각도로 들어 올리고 나서 원통 모양으로 돌돌 말아 올려준다. 손가락 또는 손 전체를 사용할 수 있는데 이는 원하는 롤의 크기에 따라 다르다. 또한 머리가 수직으로 올린 상태에서 핀으로 고정한다. 하나의 큰 롤을 만들 수도 있고 작은 롤 여러 개를 만들 수도 있다.
- **수평 롤(Horizontal rolls)**은 위 수직 롤을 만들 때와 같은 방법이나 핀을 수평으로 꽂아준다. 두상을 강조해 줄 수 있으며 특히 목덜미, 정수리, 이마가 부각된다.
- **땋은 머리**는 머리를 여러 갈래로 나뉘어 함께 땋는 방법이다. 보통 머리는 세 갈래로 나뉘어 교차되면서 짜이지만 5개로 나눠서 딸 수도 있다. 머리를 나눌 때 양을 일정하지 않게 하여 땋아보는 방법도 좋은 시도다.
- **머리를 덧붙이는 것**은 가발을 이용하는 방법이다. 다양한 모양과 크기가 있고 인조 섬유를 쓰거나 진짜 사람의 모발을 이용해 만들기도 한다. 붙여지는 곳이 종류마다 다르기 때문에 클립, 핀 등으로 원래 머리에 함께 고정한다.
- **붙임머리**는 진짜 모발 혹은 인조 섬유로 만들어 지는데 두피 최대한 가까이에서 고정한다. 이 제품은 머리에 바로 길이를 더할 수 있고 볼륨도 실어 준다. 시간이 다소 낭비될 수 는 있지만 적어도 3개월은 간다.

◀ 머리를 손질할 때 뒤쪽 부분은 어떻게 되어 가고 있는지 알기가 참 어렵다. 그럴 때 스타일링 방법에서 도움을 얻도록 해보자.

기본 용어들

머리를 스타일링 할 때 머리 또는 목 부분에 관련된 용어를 언급할 수 있다. 여기에 좀 더 정확한 위치에 대한 가이드가 있다.

- **목덜미**는 머리에서 가장 아래 부분으로 목과 연결되는 부분이다.
- **정수리**는 머리에서 가장 높은 곳에 있는데 머리 맨 위 뒤쪽에 있다.
- **이마**는 머리가 시작되는 부분이다.
- **헤어라인**은 머리카락이 자라는 둘레를 가리킨다.
- **후두골(the occipital bone)**은 머리 뒤쪽의 두개골을 가리킨다.

Blow-drying shorter hair for a smooth finish 짧은 머리 드라이

일자로 자른 머리(짧은 머리든 긴 머리든)로 눈에 띄고 싶다면 매끈하게 손질해 보자. 머리의 색이 부각될 뿐 아니라 머리의 모양도 예뻐 보인다.

Needs

- 넓은 빗
- 젤
- 드라이기
- 호스
- 빗
- 패들 브러시
- 샤인 스프레이

1 머리를 감고 타월로 머리를 말려 축축한 상태가 되도록 한다. 넓은 빗으로 빗어 엉킨 곳이 없게 하여 모발에 손상이 가지 않도록 한다.

2 젤을 바르고 손가락으로 머리 전체에 골고루 뿌리까지 발라준다.

3 드라이기로 80%정도 말려준 후 빗으로 빗는다.

4 드라이 해주면서 패들 브러시로 머리 뿌리부터 끝까지 빗는다. 마지막으로 샤인 스프레이를 뿌려 마무리 한다.

Stylist's note

퍼머넌트머리보다 부드러운 머리를 손질했을 때 더 나은데 이는 손질이 끝나면 더 윤기가 흐르기 때문이다.

Blow-drying shorter hair smooth with kicked-out ends 뻗친 짧은 머리 연출하기

Needs

- 넓은 빗
- 텍스쳐라이징 제품
- 드라이기
- 호스
- 큰 둥근 빗

머리를 말릴 때 브러시를 사용하면 머릿결이 훨씬 부드러워지는데 끝을 뻗치게 연출할 수도 있다. 생머리나 끝이 안으로 말린 단발머리와는 사뭇 다른 느낌을 줄 수 있다.

1 머리를 감고 타월로 말린다. 넓은 빗으로 빗어서 엉킨 곳이 없게 하고 젤 같은 제품을 발라준다.

2 손가락으로 뿌리까지 젤을 골고루 발라준다.

Stylist's note

시간을 단축 하고 싶다면 머리를 대충 80%정도 말려준 다음 머리를 빗는다.

3 드라이기로 머리를 말리되 손가락으로 뿌리를 세운다.

4 큰 둥근 드라이 빗을 사용해 머리를 말고 밖으로 뺀다.

Blow-drying shorter hair for a chic, grown-up look 세련되고 성숙미가 풍기는 짧은 머리 연출하기

Needs

- 넓은 빗
- 스프레이
- 작은 둥근 빗
- 헤어스프레이

짧은 머리라고 해서 딱 달라붙은 머리를 할 필요는 없다. 다양한 브러시를 사용해 머리 뿌리를 세워주면 부드러우면서도 단정하고 세련된 모습을 한 번에 연출할 수 있다.

1 머리를 감고 타월로 말려준다. 넓은 빗으로 엉킨 곳이 없도록 빗고 머리 손상이 없도록 한다.

2 스타일링 젤을 뿌려 머리를 말렸을 때 머릿결이 손상되지 않도록 한다.

Stylist's note

작은 둥근 드라이 빗을 사용한다고 해서 컬만 만드는 용도가 아니라 가끔은 뿌리를 세워주거나 볼륨을 넣어 주는데 사용할 수 있다.

3 작고 둥근 빗으로 머리를 안으로 감싸 내려주면서 드라이 하면 부드럽고 풍성한 볼륨을 넣을 수 있다.

4 머리를 뒤로 넘겨 빗어서 목덜미 쪽으로 웨지(wedge)를 만들고 스프레이를 뿌려 마무리 한다.

Blow-drying shorter hair for a sleek, shiny finish 매끈하게 빛나는 짧은 머리

Needs

- 넓은 빗
- 스타일링 로션
- 드라이기
- 호스
- 납작한 빗
- 헤어스프레이

짧은 머리에도 다이나믹하고 다양한 층을 낼 수 있지만 여전히 매끄럽게 내려오는 머리를 하면 모발상태와 색상, 머리 모양을 강조할 수 있다. 납작한 빗을 사용해서 윤기있고 착 달라붙은 머리를 연출한다.

1 머리를 감고 타월로 말린다. 넓은 빗으로 엉킨 곳이 없도록 빗어서 머리에 손상이 가지 않도록 한다.

2 스타일링 로션을 손바닥에 덜고 비벼준다.

Stylist's note

머리를 스타일링 하고 나서 빗에 헤어스프레이를 뿌린 후 빗으면 머리를 차분하게 할 수 있다.

3 머리 전체에 로션을 발라주되 뿌리부터 끝까지 골고루 발라준다.

4 머리를 납작한 빗으로 빗으며 말린다. 컷 라인이 잘 보이도록 해주고 마지막으로 스프레이를 뿌려 마무리한다.

Blow-drying the perfect long bob 긴 단발머리 스타일링하기

매끈하게 내려오는 단발머리는 시대를 불문하고 늘 유행해 온 스타일이다. 앞머리가 있든 없든, 길이가 어느 정도이든 상관없이 가장 빼어나고 눈에 띄는 스타일.

Needs

- 넓은 빗
- 집게 핀
- 큰 드라이 빗
- 헤어드라이어
- 노즐
- 샤인 스프레이

1 머리를 감고 타월로 말린다. 넓은 빗으로 엉킨 곳이 없도록 빗어서 머리에 손상이 가지 않도록 한다.

2 머리 중앙에서 후두골까지 가르마를 타고 후두골에서 양 귀 옆으로 가르마를 타준다.

3 뒷머리의 모양이다.

4 뒷머리부터 시작해서 큰 드라이 빗으로 뿌리부터 말리되 드라이기에 노즐이 붙어 있는 도구를 사용한다.

5 머리 위쪽을 하기 전에 아랫머리부터 손질한다.

6 이제 위쪽 머리를 해주는데 빗으로 머리를 부드럽게 말아주면서 드라이해준다.

7 빗으로 앞머리를 드라이 해서 부드럽지만 너무 뜨지 않도록 해준다.

8 스프레이를 뿌려 마무리 한다.

Stylist's note

이 스타일은 건강해 보이는 모발에서 더 빛이 나므로 모발상태를 좋게 유지해주자. 너무 드라이를 많이 해주면 부스스 해질 수도 있다.

Blow-drying shorter hair for a soft, relaxed look 부드럽게 헝클어진 짧은 머리

Needs

- 넓은 빗
- 몰딩 페이스트
- 드라이기
- 왁스
- 샤인 스프레이

짧은 머리에 약간 헝클어진 듯 마무리하면 애띤 모습의 느낌을 피할 수 있다. 손질하기 쉬운 머리이며 턱 선이 너무 강하거나 얼굴이 사각형일 때 부드럽게 보일 수 있도록 한다.

1 머리를 감고 타월로 말리고 난 후 드라이기로 말린다.

2 넓은 빗으로 머리를 빗어서 엉킨 곳을 풀어준다.

3 손바닥에 몰딩 페이스트를 발라주되 따뜻해 질 때까지 비벼준다. 머리에 훨씬 잘 흡수되는 효과가 있다.

4 손가락을 사용하여 머리 뿌리부터 끝까지 머리에 볼륨을 넣어 주며 발라준다.

5 헤어드라이기로 머리를 말려 주되 뿌리에 초점을 맞춰 머리에 볼륨감과 생동감이 느껴 질 수 있도록 한다.

6 머리를 털어주고 손가락으로 머리를 너무 세지 않게 잡아준다.

7 손가락 끝에 왁스를 발라주고 머리 한 가닥 한 가닥 잘 발라 주어 머리의 질감을 살린다.

8 머리끝은 이 사진처럼 들쑥날쑥한 모양이어야 한다. 마무리할 때 샤인 스프레이를 뿌려 준다.

Stylist's note

몰딩 페이스트와 같은 헤어제품은 손에서 따뜻해져야 쉽게 잘 바를 수 있고 흡수도 골고루 잘 된다.

Blow-drying shorter hair for a multi-texture effect 짧은 머리에 멀티 텍스쳐 효과내기

Needs

- 헤어브러시
- 빗
- 열 손상방지 스프레이
- 고데기
- 헤어스프레이

고데기와 스타일링 제품을 함께 사용하면 편하면서도 눈에 띄는 아주 매력적인 스타일을 연출할 수 있다. 텍스쳐에 상반 되는 느낌을 연출하는 시도는 아주 재미있을 것이다. 상상력을 동원해서 멋진 스타일을 연출해 보자.

1 머리를 가지런히 빗어주고 엉킨 곳이 없도록 잘 말린 후 앞쪽에 대각선으로 가르마를 타준다.

2 앞머리가 부드러워지도록 잘 빗는다.

3 열로부터 보호해주는 스프레이를 머리 전체에 뿌려서 머리를 펴줄 때 손상이 가지 않도록 한다.

4 앞머리를 뿌리부터 머리끝까지 고데기로 잘 펴주고 가능한 한 부드럽게 한다.

5 앞머리 뒤쪽부터 한 가닥씩 머리를 빼서 손가락으로 잘 꼬아준다.

6 고데기로 꼬아놓은 머리를 잘 눌러주고 5초 동안 잡아준 뒤 풀어준다.

7 나머지 머리 전체를 같은 방식으로 반복해 주되 앞머리는 부드러운 상태로 놔둔다.

8 손가락으로 꼬아놓은 머리를 가볍게 풀어주되 머리를 한꺼번에 잡은 상태에서 한다. 그 후 헤어스프레이를 뿌려 고정한다.

Stylist's note

고데기로 꼬아놓은 머리를 눌러줄 때 머리를 감기 전까지 텍스쳐가 그대로 남아 있을 정도로 해준다.

Blow-drying shorter hair for a textured finish 짧은 머리에 텍스쳐로 마무리 하기

Needs

- 넓은 빗
- 텍스쳐라이징 제품
- 헤어드라이기
- 노즐
- 플렉서블 스프레이

시간이 없을 때 컬이 있는 짧은 머리는 손질하기 가장 간편하면서도 멋을 낼 수 있다.

1 머리를 감고 타월로 머리를 말려 물기를 제거한다. 넓은 빗으로 머리를 빗어서 엉킨 곳을 매끄럽게 해주어 나중에 모발이 손상되지 않도록 한다.

2 손가락으로 텍스쳐라이징 제품(texturi-zing product)을 골고루 머리에 바른다. 제품을 많이 바를수록 머리 컬이 더 살아난다.

Stylist's note

이온 헤어드라이기는 머리의 수분을 일정 부분 남겨두어 모발의 상태를 좋게 유지해주며 정전기와 부스스함을 방지해 준다.

3 헤어 드라이기를 적어도 6cm(2 1/2) 정도 떨어뜨린 후 말리고 (화상을 피하기 위해서) 손가락으로 머리 모양을 계속 잡아서 머리가 엉키지 않도록 한다.

4 플렉서블 스프레이(flexible spray)를 뿌려서 머리모양이 흐트러지지 않도록 한다.

Blow-drying to add contrast to a shorter textured style 텍스쳐와 생머리 대조하기

Needs

- 빗
- 스타일링 무스
- 헤어드라이기
- 노즐
- 납작한 브러시
- 스무딩 크림
- 헤어프스레이

텍스쳐 스타일과 동시에 매끄럽게 펴준 스타일을 상반시켜 스타일링 하면 눈에 띌 뿐 아니라 각자 개성에 따라 마무리 손질을 할 수 있는데 이는 재미있으면서도 세련미를 풍길 수 있다. 샤인 스프레이를 뿌려 부드러운 부분과 텍스쳐 스타일이 더 부각된다.

1 머리를 감고 타월로 머리를 말려 물기를 제거한다. 넓은 빗으로 머리를 빗어서 엉킨 곳이 없도록 해주고 스타일링 무스를 손에 덜어 머리 전체에 골고루 발라준다.

2 머리 중심부를 헤어드라이기로 대충 말리되 손으로 머리를 잡아서 텍스쳐가 최대한 살아나도록 한다.

Stylist's note

머리 뒤쪽을 매끄럽게, 앞쪽은 더 텍스쳐가 살아나게 스타일링 하고 싶으면 이 과정 그대로 하되 반대로만 해주면 된다. 단 텍스쳐를 넣고 싶은 곳에는 손으로, 매끄럽게 하고 싶은 부분은 브러시를 사용해야 한다.

3 머리 앞쪽은 부드럽게 드라이 해서 펴주되 납작한 브러시를 사용하여 머리 층이 부각되도록 한다.

4 앞머리는 한쪽으로 쓸어 넘겨 빗어주고 스무딩 크림(smoothing creme)이나 스프레이를 뿌려서 고정한다.

Blow-drying to choppy texture and add volume to shorter hair 풍성한 텍스쳐와 볼륨 넣기

Needs

- 넓은 빗
- 젤
- 헤어드라이기
- 노즐
- 헤어스프레이
- 왁스

짧은 머리에 풍성하게 볼륨을 넣어주면 각자의 개성을 살릴 수 있다. 왁스 또는 스프레이를 뿌리고 손으로 모양을 잡아서 머리의 층과 컬러를 최대한 살려주자.

Stylist's note

텍스쳐를 많이 넣어주는 방법은 색다른 스타일링을 연출하는데 아주 좋은 방법이다.

1 머리를 감고 타월로 머리를 말려 물기를 제거한다. 넓은 빗으로 머리를 빗어서 엉킨 곳을 매끄럽게 해주어 나중에 모발이 손상되지 않도록 한다. 그 다음 손에 젤을 덜어 머리에 발라준다.

2 손가락으로 머리 전체를 마사지 해주되 머리 뿌리부터 끝까지 골고루 스며들 수 있도록 해준다.

3 헤어드라이기로 머리를 대충 말려주되, 특히 뿌리부분을 들어 준 뒤 열을 직접 가해준다.

4 뿌리부분에 스프레이를 뿌려 세워주고 볼륨이 최대한 살아나도록 손질한다. 끝으로 머리끝에 왁스를 발라 마무리 하고 모양을 잡아준다.

Blow-drying mid-length hair for all-over texture 중간 길이 머리에 텍스쳐 넣기

Needs

- 넓은 빗
- 텍스쳐라이징 스프레이
- 헤어드라이기
- 노즈
- 작고 둥근 브러시
- 헤어스프레이

머리 전체에 텍스쳐를 넣어준다고 해서 꼭 지저분해 보이라는 법은 없다. 작고 둥근 브러시를 사용해 머리에 텍스쳐를 넣어주면 지적으로 보이면서도 편안해 보이는 부드러움을 연출할 수 있다. 지나치게 손질한 것 같은 어색함도 피할 수 있다.

1 머리를 감고 타월로 머리를 말려 물기를 제거한다. 넓은 빗으로 머리를 빗어 엉킨 곳을 매끄럽게 하고 나중에 모발이 손상되지 않도록 한다.

2 머리 뿌리부분에 텍스쳐라이징 스프레이를 뿌려 세워준 뒤 볼륨을 넣는다.

Stylist's note

앞머리는 한 쪽으로 쓸어 넘겨주거나 들어서 뿌리 부분을 드라이 해서 세워준다.

3 헤어드라이기로 머리를 약간 말린 뒤 작고 둥근 브러시로 머리를 말아서 드라이 한다.

4 원하는 모양대로 스타일을 잡아주고 스프레이를 뿌려 마무리한다.

Blow-drying fringed mid-length hair for a textured finish 머리끝에 텍스쳐 넣기

Needs

- 넓은 빗
- 텍스쳐라이징 스타일링 스프레이
- 헤어드라이기
- 노즐
- 브러시

강렬하면서도 자연스러워 보이도록 텍스쳐를 넣는 이 스타일은 여러분의 개성을 살려줄 수 있다. 부드럽게 떨어지는 앞머리와 나머지 머리에 텍스쳐를 넣어 준 이 스타일은 지나치게 캐주얼해 보이지 않는다.

1 머리를 감고 타월로 머리를 말려 물기를 제거한다. 넓은 빗으로 머리를 빗어서 엉킨 곳을 매끄럽게 해주어 나중에 모발이 손상되지 않도록 한다.

2 텍스쳐라이징 스프레이를 뿌리부분에 뿌려 드라이 할 때 볼륨감이 생기도록 한다.

Stylist's note

텍스쳐라이징 제품에는 아주 다양한 제품들이 있다. 스프레이는 특히 부각 시키고 싶은 부분에만 집중적으로 쉽게 뿌릴 수 있다.

3 헤어드라이기로 머리를 말리되 뿌리부분에 열을 바로 가해 볼륨감이 생기도록 하고 손가락으로 머리끝을 들어서 너무 가라앉지 않도록 한다.

4 앞머리는 둥근 브러시로 말아 드라이 한다.

Blow-drying mid-length or longer hair for a loose finish 부드럽게 내린 중간 또는 긴 머리

Needs

- 넓은 빗
- 스무딩 제품
- 헤어드라이기
- 노즐
- 샤인 스프레이

간단한 테크닉을 사용하는 이 스타일은 깔끔하고 자연스러워 보이며 지나치게 스타일링 한 느낌을 주지 않는다. 이 테크닉은 매우 간편하고 빠르게 할 수 있으면서도 아름다운 헤어를 연출할 수 있다.

1 머리를 감고 타월로 머리를 말려 물기를 제거한다. 넓은 빗으로 머리를 빗어서 엉킨 곳을 매끄럽게 하고 나중에 모발이 손상되지 않도록 한다.

2 라이트 밤(light balm)과 같은 스무딩 제품(smoothing product)을 머리 전체에 손으로 발라주되 뿌리보다 머리끝에 집중적으로 발라준다.

Stylist's note

헤어드라이기를 세워서 말려줌으로써 따뜻한 바람이 뿌리부분에는 직접적으로 닿지 않게 해준다. 두피가 부드러워져서 머릿결이 더 빛나 보인다.

3 드라이기를 6cm(2 1/2)정도 떨어뜨려 말려주고 손가락으로 머리를 빗어서 엉키지 않게 한다.

4 샤인 스프레이를 머리 전체에 골고루 뿌려 마무리한다.

Blow-drying mid-length or longer hair to curl under 중간 길이 머리, 긴 머리에 컬 넣기

Needs

- 넓은 빗
- 스타일링 세럼
- 집게 핀
- 큰 둥근 브러시
- 헤어드라이기
- 노즐

층이 없는 중간 길이 머리, 혹은 긴 머리에 가장 잘 어울리는 이 스타일은 매우 단정해 보이면서도 클래식한 느낌을 준다. 이 스타일은 집이나 사무실, 댄스파티 등 어디에나 잘 어울리는 스타일이다.

1 머리를 감고 타월로 머리를 말려 물기를 제거한다. 넓은 빗으로 머리를 빗어서 엉킨 곳을 매끄럽게 해주어 나중에 모발이 손상되지 않도록 한다.

2 스타일링 세럼을 손바닥에 덜어 손을 비벼준다.

Stylist's note

큰 둥근 브러시를 사용하면 납작한 브러시를 사용할 때보다 더 풍성한 컬을 만들 수 있다.

3 머리 뿌리부터 끝까지 세럼을 골고루 바른다. 머리에 가르마를 탄 뒤 한 쪽 부분을 꼬아 주고 집게 핀으로 고정한다.

4 반대 머리를 큰 둥근 브러시로 말아서 드라이 해주고 끝나면 다른 머리도 똑같이 반복한다.

Blow-drying mid-length or longer hair for a bedhead finish 헝클어진 느낌의 머리

Needs

- 넓은 빗
- 볼륨마이징 무스
- 헤어드라이기
- 헤어스프레이

단정해 보이는 스타일에 최대한 텍스쳐를 넣어 변화를 시도해 보자. 이 스타일은 특히 층이 있는 짧은 머리나 중간 길이 머리에 잘 어울린다.

Stylist's note

헤어드라이기를 지나치게 움직이면서 말리면 머리 사이에 틈이 생길 수 있으니 주의하고 하지만 한 곳에만 집중적으로 말리는 것도 피하도록 하자.

1 머리를 감고 타월로 머리를 말려 물기를 제거한다. 넓은 빗으로 머리를 빗어서 엉킨 곳을 매끄럽게 해주고 나중에 모발이 손상되지 않도록 한다.

2 볼륨마이징 무스(volumizing mousse)를 손바닥에 덜어 머리 전체에 발라 머리에 볼륨을 넣는다. 머리 뿌리부터 끝까지 골고루 발라주는 것을 잊지 말자.

3 머리를 계속 털어주면서 말리고 뿌리부분은 세워 주면서 말린다.

4 손가락과 손바닥 사이에 머리를 넣어 잡아주면서 말리고 텍스쳐를 넣으면서 세워주도록 한다. 끝으로 헤어스프레이를 뿌려 고정시킨다.

Blow-drying longer hair for a smooth finish 자연스러운 긴머리 연출하기

긴 머리가 찰랑거리면서 빛날 때 매우 매력적이다. 머리를 말릴 때 시간이 조금 더 들더라도 최대한 머리끝을 매끄럽게 해주자. 이 스타일은 노력할 만한 가치가 있고 또 생각보다 쉽다.

Needs

- 넓은 빗
- 스타일링 무스
- 집게 핀
- 브러시
- 헤어드라이기
- 노즐
- 샤인 스프레이

1 머리를 감고 타월로 머리를 말려 물기를 제거한다. 넓은 빗으로 머리를 빗어서 엉킨 곳을 매끄럽게 해주고 나중에 모발이 손상되지 않도록 한다.

2 무스를 손바닥에 덜고 양 손을 비벼준 뒤 머리 중간과 끝 부분에 무스를 골고루 발라준다.

3 머리에 가르마를 타고 한쪽은 꼬아서 집게 핀으로 고정한다. 머리 앞쪽은 맨 나중에 드라이한다.

4 머리에 가르마를 타고 고정시킨 모습은 이 사진과 같아야 한다. 이 상태에서 뒷머리를 먼저 드라이 한다.

5 브러시를 뿌리부분에 대고 빗어 내린 뒤 고정하고 헤어드라이기로 빗 윗부분까지 말린다.

6 헤어드라이기로 머리를 빗으며 말려주고 6cm정도 떨어 뜨려 모발에 손상이 가지 않도록 한다.

7 뒷머리 드라이가 끝나면 옆머리도 같은 방식으로 드라이 한다.

8 머리 전체 손질이 끝나면 샤인 스프레이를 골고루 뿌려 마무리한다.

Stylist's note

머리에 가르마를 타고 집게 핀으로 고정해 손질하면 훨씬 편하고 프로페셔널한 모습을 연출할 수 있다.

Blow-drying longer hair for volume and movement 긴 머리에 텍스쳐와 볼륨 넣기

Needs

- 넓은 빗
- 열 보호 스프레이
- 집게 핀
- 헤어드라이기
- 디퓨저

헤어드라이기에 디퓨저를 장착해서 머리를 말리면 볼륨도 풍성해지고 자연스럽게 텍스쳐도 넣을 수 있다. 이 방법은 매우 간편하면서도 머리에 풍성하고 화려한 느낌을 더해주며 눈에 띄는 스타일을 연출할 수 있다.

1 머리를 감고 타월로 머리를 말려 물기를 제거한다. 넓은 빗으로 머리를 빗어서 엉킨 곳을 매끄럽게 해주고 나중에 모발이 손상되지 않도록 한다.

2 열로부터 모발을 보호해주는 스프레이를 뿌려 모발의 손상을 막도록 한다.

3 머리 위쪽 부분을 꼬아서 집게 핀으로 고정하고 다른 부분을 손질할 동안 빠지지 않는다.

4 디퓨저를 헤어드라이기 끝에 장착한다.

5 디퓨저를 머리 중간과 끝 밑에 놓고 중간세기의 열로 맞춘다.

6 머리 전체에 텍스쳐를 넣어 줄 수 있도록 디퓨저로 말린다.

7 머리 아래 부분을 완성하면 텍스쳐와 볼륨이 매우 풍성해진다.

8 위에 꽂았던 집게 핀을 빼고 같은 방식으로 완전히 마를 때까지 디퓨저로 말린다.

Stylist's note

중간 세기로 온도를 맞추면 시간은 좀 걸리지만 머리가 부스스해 지는 것을 막을 수 있다.

Blow-drying curly hair for a soft, smooth look 곱슬머리를 부드럽고 매끈한 스타일로 연출하기

원래부터 곱슬머리라고 해도 생머리로 연출할 수 있다. 드라이기로 머리를 빗어주며 말려준 뒤 매직기를 사용하여 머리를 펴주고 스타일링 제품을 바르면 완벽한 스타일을 연출할 수 있다.

Needs

- 넓은 빗
- 스타일링 로션
- 집게 핀
- 헤어드라이기
- 노즐
- 큰 둥근 빗
- 열 보호 스프레이
- 빗
- 매직기
- 세럼
- 샤인 스프레이

1 머리를 감고 타월로 머리를 말려 물기를 제거한다. 넓은 빗으로 머리를 빗어서 엉킨 곳을 매끄럽게 해주고 나중에 모발이 손상되지 않도록 한다. 그 다음 손으로 스타일링 로션을 머리 뿌리부터 끝까지 골고루 발라준다.

2 집게 핀을 사용해서 위 사진처럼 세 부분으로 머리를 나눈다. 이것은 머리를 말리고 필 때 더 쉽다.

3 큰 둥근 브러시로 머리를 말면서 드라이 해주어 최대한 부드럽게 만든다.

4 열로부터 보호해주는 스프레이를 뿌린다.

5 머리를 다시 세 부분으로 나누고 엉킨 곳이 없도록 빗으로 빗는다.

6 매직기를 사용해 머리 뿌리부터 끝까지 편다.

7 샤인 스프레이를 뿌리고 세럼을 발라서 매끈한 머릿결을 만든다.

Stylist's note

헤어드라이기로 먼저 머리를 펴주는 단계를 빼먹지 말아야 한다. 매직기만으로는 곱슬머리를 완벽하게 펼 수 없다.

Blow-drying to add emphasis to a deep, wide fringe 깊고 넓은 앞머리 연출하기

앞머리를 깊게 내는 것처럼 헤어컷에 강렬한 특징을 더하면 매우 눈에 띈다. 앞머리와 나머지 다른 머리의 텍스쳐를 다른 스타일링 제품과 도구를 사용해 상반되게 스타일링 해 줌으로써 더욱 부각시킬 수 있다.

Needs

- 넓은 빗
- 스타일링 무스
- 헤어드라이기
- 노즐
- 작은 둥근 브러시
- 헤어스프레이

1 머리를 감고 타월로 머리를 말려 물기를 제거한다. 넓은 빗으로 머리를 빗어서 엉킨 곳을 매끄럽게 해주어 나중에 모발이 손상되지 않도록 한다. 스타일링 무스를 손에 덜어 머리에 전체적으로 골고루 발라준다.

2 머리를 손가락과 손바닥 사이에 넣고 텍스쳐를 넣으면서 말린다.

Stylist's note

헤어스프레이를 뿌릴 때 머리 위쪽에서 뿌려 머리 위로 스프레이가 뿌려질 수 있도록 한다.

3 앞머리는 작은 둥근 브러시로 말아 드라이 해주되 눌리지 않도록 세워주면서 말린다.

4 손바닥으로 앞머리를 가린 뒤 스프레이를 뿌려 머릿결이 차분해 지도록 한다.

Tonging shorter hair for texture 짧은 머리 고데기로 컬 넣기

Needs
- 열 보호 스프레이
- 작은 고데기
- 스타일링 왁스

머리를 그냥 헤어드라이기로 말리거나 백콤(back-combing)해주지 않고 컬을 넣고 싶다면 고데기를 사용하자. 고데기로 감을 수 있는 머리길이라면 멋진 스타일을 연출할 수 있다.

1 열로부터 모발을 보호해주는 스프레이를 뿌려 고데기를 사용할 때 모발에 손상이 가지 않도록 한다.

2 머리 일부분을 잡고 고데기로 끝에서부터 감아 뿌리까지 말아 올린 뒤 몇 초 동안 잡아준다.

3 위 사진에서 보다시피 작은 컬이 만들어진다. 앞머리를 포함해 나머지 머리도 같은 방식으로 말아준다.

4 손가락으로 컬을 잡고 느슨하게 풀어준 뒤 작은 양의 왁스를 발라 컬을 고정한다.

Stylist's note

고데기로 머리를 감기에 너무 짧은 부분이 있다면 억지로 하지 말고 다른 긴 머리만 말아주자.

Using tongs for different curled effects 고데기로 다양한 크기의 컬 넣기

Needs
- 빗
- 열 보호 스프레이
- 고데기
- 헤어스프레이

고데기를 사용하여 작은 컬에서부터 웨이브까지 다양한 타입의 컬을 넣어 보자. 고데기는 여러분이 노하우만 있다면 다양한 스타일을 연출할 수 있는 다용도의 도구가 될 수 있으며 사이즈도 다양해서 원하는 크기에 맞춰 고를 수 있다.

1 머리를 잘 빗고 엉킨 곳이 없도록 잘 말린다.

2 열 보호 스프레이를 뿌려서 머리를 말릴 때 모발손상이 없도록 한다.

3 머리 일부분을 잡고 고데기로 끝에서부터 뿌리 끝까지 감아서 말아 올린 뒤 몇 초 동안 그대로 잡고 있다가 풀어 준다. 다른 머리도 같은 과정을 반복한다.

4 더 부드러운 컬을 만들고 싶다면 고데기를 뿌리 근처에 먼저 놓고 머리를 고데기에 감는다.

5 나선형의 컬을 만들고 싶다면 더 작은 고데기를 사용하여 끝에서부터 머리 뿌리까지 감아 말아 올리고 고데기는 수직으로 세운다.

6 나선형의 컬을 넣었을때 모습이다.

7 컬을 머리 전체에 넣었다면 머리를 숙여 머리끝을 털어 컬을 풀어준다.

8 손가락으로 컬 사이를 풀어서 부드럽게 해준 뒤 헤어스프레이를 뿌려 고정할 수도 있다.

Stylist's note

강한 컬을 만들고 싶다면 고데기를 끝에서부터 뿌리 쪽으로 감아 말아 올리고 더 부드러운 컬을 만들고 싶다면 고데기로 뿌리를 먼저 잡아 준 뒤 머리를 감아준다.

Using tongs to create random spiral curls 고데기로 부분 웨이브 넣기

Needs

- 열 보호 스프레이
- 고데기
- 헤어스프레이

머리 전체에 컬을 넣지 않고 고데기로 몇 부분에만 웨이브를 넣어주고 나머지 머리는 부드럽게 펴서 연출할 수 있다. 이 스타일은 클래식한 느낌에 변화를 줄 수 있는 좋은 방법이다.

1 머리를 잘 빗고 말려서 엉킨 곳이 없도록 한다. 열 보호 스프레이를 뿌려서 모발에 손상이 가지 않도록 한다.

2 머리를 조금 잡고 고데기로 뿌리 근처를 잡는다.

3 남은 머리를 고데기에 감아 아래로 말아준다. 이는 머리에 볼륨을 넣어준다.

4 머리 다른 부분을 랜덤으로 잡아 같은 방식으로 똑같이 한다. 웨이브를 넣은 부분은 웨이브를 넣지 않은 머리 주변을 둘러싼다. 마지막으로 헤어스프레이를 뿌려 고정한다.

Stylist's note

고데기 크기는 아주 다양한데 짧은 머리라면 작은 크기의 고데기를 사용하면 된다.

Using tongs to create all-over curl 고데기로 머리 전체에 컬 넣기

Needs

- 열 보호 스프레이
- 고데기
- 헤어스프레이

머리 전체에 컬을 넣으면 매우 눈에 띄면서 우아해 보일뿐 아니라, 더욱 풍성하고 화려한 느낌을 준다. 고데기로 컬을 넣으면 원래 머리 컷의 층과 모양이 부각될 것이며 신중하게 스타일링 했다면 머리 모양을 최대한 더 오래 지속할 수 있다.

1 머리를 잘 빗어서 엉킨 곳이 없도록 하고 열 보호 스프레이를 뿌려서 모발손상을 막는다.

2 머리를 조금 잡아 고데기로 뿌리를 먼저 잡은 뒤 머리를 고데기에 감는다.

Stylist's note

머리를 조금씩 잡고 고데기로 말 때는 고데기의 열을 일정하게 맞춰 같은 크기의 컬을 만들 수 있도록 신경 쓴다.

3 몇 초 동안 고데기로 잡아서 열이 컬 안까지 충분히 전달 될 수 있도록 한다.

4 나머지 머리도 같은 방식으로 반복한다. 열이 식은 다음 손가락으로 컬을 풀어서 헤어스프레이를 뿌려 고정한다.

Using irons to create striking blades in shorter hair 고데기로 뻗친 머리 연출하기

Needs

- 브러시
- 접착력이 강한 스프레이
- 매직기
- 큰 유핀(U핀)

이 강렬한 스타일은 과감하게 다른 모습으로 변화를 주고 싶은 여성에게 매우 재미있는 방법이다. 손질하는 데 시간이 다소 걸리지만 하루 종일, 또는 저녁 내내 지속할 수 있다. 지그재그 모양의 텍스쳐는 개성을 살려 주되 너무 지나치게 파격적인 느낌은 막아준다.

1 머리를 잘 빗어서 엉킨 곳이 없도록 한다.

2 강력한 헤어스프레이를 머리 전체에 뿌린다.

3 머리를 조금씩 잡고 고데기로 머리 뿌리를 잡아 준 뒤 머리끝까지 펴준다. 같은 방법으로 나머지 머리도 똑같이 한다.

4 고데기로 핀 머리는 절대 빗지 않고 머리가 서로 섞이지 않도록 한다. 서로 떨어뜨려 놓은 상태에서 열을 식힌다.

5 머리 전체를 이처럼 뻗친 머리로 만든다.

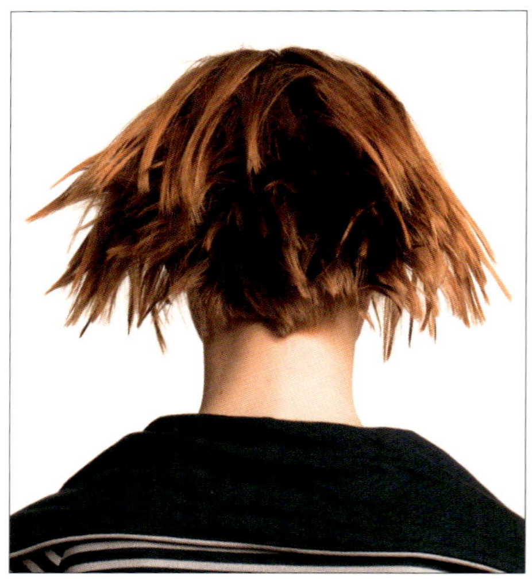

6 완성된 뻗친 머리 뒷 모습이다.

7 유핀(U핀)을 뻗친 머리에 꽂고 위와 같이 S자 모양으로 만들어 고정한다.

8 각 핀들을 매직기 사이에 넣고 몇 초 동안 잡아 준 뒤 풀고 충분히 열을 식힌 뒤 핀을 뺀다. 그러면 머리가 위의 사진처럼 지그재그 모양이 된다.

Stylist's note

열 보호 스프레이 대신 헤어스프레이를 뿌리면 모발손상을 막아주면서도 머리를 고정해준다.

Using irons to create movement in shorter hair 고데기로 짧은 머리에 컬 넣기

Needs

- 빗
- 열 보호 스프레이
- 매직기
- 헤어스프레이

매직기는 머리를 펴줄 때뿐만 아니라 볼륨을 넣어주거나 컬을 넣어 줄 때도 사용할 수 있다. 다른 사이즈의 고데기로 시도해 봐도 매우 재미있으며 반 둥근 모양의 고데기를 사용해도 다른 느낌의 스타일을 연출할 수 있다.

1 머리를 잘 빗어 엉킨 곳이 없도록 하고 열 보호 스프레이를 뿌려 모발손상을 막는다.

2 머리를 조금 잡고 매직기로 뿌리부분을 잡은 뒤 약간 돌리며 머리끝까지 내려주면 머리에 굴곡이 생긴다.

3 머리 윗부분을 같은 방식으로 반복하고 머리 길이가 충분히 긴 곳만 한다.

4 손가락으로 머리를 풀어서 부드러운 느낌이 나도록 하고 원하는 대로 모양을 잡은 뒤 헤어스프레이를 뿌린다.

Stylist's note

약간 둥근 모양의 매직기는 머리에 텍스쳐를 넣고자 할 때 훨씬 유용하게 쓰일 수 있다.

Using irons to create flicks in layered or graduated hair 고데기로 층진 머리를 뻗친 머리로 연출하기

Needs

- 빗
- 열 보호 스프레이
- 매직기
- 플렉서블 또는 워킹 스프레이

짧거나 중간 길이의 머리에 매직기로 끝을 뻗치게 하거나 웨이브를 넣어 주면 머리에 풍성함을 더해주어 매우 아름답다. 짧은 머리라면 작은 사이즈의 매직기를 사용하면 손질하기 훨씬 간편하다.

1 머리를 잘 빗어 엉킨 곳이 없도록 한다.

2 열 보호 스프레이를 뿌리면 매직기를 사용했을 때 모발손상을 막아준다.

3 머리를 조금 잡아 매직기로 뿌리 쪽을 잡은 뒤 끝까지 내리면서 끝에서 살짝 틀어준다. 나머지 머리도 같은 방식으로 반복한다.

4 플렉서블 스프레이(flexible spray)를 뿌려 마무리한다.

Stylist's note

열이 높을 때 자동으로 스위치가 꺼지는 고데기와 열을 방지해 주는 매트가 달린 고데기는 매우 유용한 도구들이다.

Using irons to straighten hair for a super-sleek look 고데기로 찰랑거리는 긴 생머리 만들기

Needs

- 브러시
- 집게 핀
- 열 보호 스프레이
- 빗
- 매직기
- 샤인 스프레이

매끄럽고 부드러운 생머리를 연출 하고 싶다면 매직기를 사용하자. 매우 간편하며 특히 일자머리에 효과가 좋으나 층진 머리도 부드럽게 할 수 있는 테크닉이다.

1 머리를 잘 빗어 엉킨 곳이 없도록 한다.

2 집게 핀으로 머리를 나눈 뒤 고정한다. 그런 다음 열 보호 스프레이를 뿌린다.

3 한쪽 머리부터 시작하는데 머리를 조금 잡고 잘 빗은 뒤 열 보호 스프레이를 전체적으로 다시 한 번 뿌린다.

4 매직기로 머리를 펴기 전에 빗으로 먼저 빗으면서 매직기로 뿌리부터 끝까지 내린다.

5 매직기로 머리를 피면 위의 사진처럼 차분한 모습이 된다.

6 다른 나머지 머리도 같은 과정을 반복한다.

7 매직기로 머리를 폈을 때와 그렇지 않았을 때의 모습을 대조해서 보여주고 있다.

8 머리 전체를 매직기로 폈다면 샤인 스프레이를 뿌려 마무리 한다.

Stylist's note

열 보호 스프레이를 머리를 말린 후 매직기를 사용하기 전에 뿌리면 모발을 건강하게 유지할 수 있다.

Using irons to create movement in longer hair 고데기로 긴 머리에 텍스쳐 넣기

Needs

- 넓은 빗
- 스타일링 로션
- 집게 핀
- 브러시
- 헤어 드라이기
- 매직기
- 헤어스프레이

매직기로 층지거나 긴 머리에 웨이브 또는 텍스쳐를 넣어서 부각하는 방법은 매우 재미있다. 머리가 훨씬 풍성해 보이지만 지나치게 차분한 생머리보다는 좀 더 가볍게 보일 수 있다.

1 머리를 감고 타월로 말려 물기를 제거한다. 넓은 빗으로 머리를 빗어서 엉킨 곳이 없도록 하여 후에 모발에 손상이 가지 않도록 한다.

2 스타일링 제품 또는 로션을 머리 전체에 발라서 말랐을 때 더 나은 모양을 유지할 수 있도록 한다.

3 머리 위쪽을 두 갈래로 나누어 집게 핀을 꽂는다.

4 아래 층진 머리는 브러시로 말아주며 헤어 드라이기로 말려서 머릿결을 부드럽게 한다.

5 드라이가 끝나면 머리 위쪽에 꽂았던 핀을 뺀다.

6 매직기로 아랫머리의 뿌리를 잡고 끝까지 펴주되 끝은 뻗치도록 밖으로 뺀다.

7 머리 위쪽까지 같은 방식으로 반복하되 끝은 모두 뻗치게 한다.

8 헤어스프레이를 뿌리되 머리 뻗침이 더 부각되도록 끝을 중심으로 뿌린다.

Stylist's note

고데기를 사용하기 전 머리를 적절하게 말리는 단계는 굉장히 중요한데 잘 말려주지 않으면 고데기로 모양낸 부분이 금방 없어진다.

Crimping loose hair for all-over texture 아이론 퍼머넌트머리

Needs

- 빗 또는 브러시
- 열 보호 스프레이
- 집게 핀
- 아이론 퍼머넌트용 고데기
- 헤어스프레이

올림머리를 하고 싶을 때 아이론 퍼머넌트머리를 만들면 생머리나 단순히 볼륨을 넣은 머리보다 훨씬 풍성해지면서 예쁘다. 뿌리 근처를 제외하고 아이론 컬을 넣는 방식만 지킨다면 스타일이 엉망이 되는 일은 피할 수 있다.

1 머리를 잘 빗어 엉킨 곳이 없도록 한다.

2 열 보호 스프레이를 뿌려 모발손상을 막는다.

3 머리 위쪽에 빗으로 가르마를 타고 집게 핀을 꽂는다.

4 머리 아래쪽부터 시작하는데 아이론 퍼머넌트용 고데기를 사용하여 3초 동안 잡았다가 풀어준다. 그 아래 남은 부분도 똑같이 한다.

5 머리 위쪽을 하기 전에 아랫머리를 다 하고 나서 아이론 컬을 골고루 넣는다. 머리 모양이 매우 이상해지는 상황을 방지할 수 있다.

6 머리 전체에 아이론 컬을 넣으면 위와 같은 모습이다.

7 손가락으로 아이론 컬을 풀어 준다.

8 머리를 몇 가닥씩 잡고 잘 풀어서 더 풍성하고 부드럽게 보일 수 있도록 한다. 마지막으로 헤어스프레이를 뿌려 고정한다.

Stylist's note

고데기의 위치를 잘 잡아 각 패턴의 길이가 같을 수 있도록 해야 한다.

Crimping dressed hair for partial texture 부분적으로 아이론 컬 넣기

Needs

- 빗
- 헤어밴드
- 열 보호 스프레이
- 아이론 컬 고데기

머리 전체에 아이론 컬을 넣지 않고 부분적으로 넣어주어도 재미있다. 먼저 컬을 넣은 부분을 어떻게 부각할지 정한 후 어울릴만한 스타일을 생각하며 아이론 컬을 넣을 부분을 정한다.

1 말린 머리를 빗어서 포니테일로 묶어주되 앞머리는 앞에 내린다. 그 다음 열 보호 스프레이로 앞머리에 뿌린다.

2 앞에 내린 앞머리에 아이론 컬 용 고데기로 컬을 낸다. 뿌리 쪽 근처에 컬을 내주되 너무 뿌리 가까이에는 해주지 않도록 한다. 고데기로 몇 초 동안 잡아준다.

Stylist's note

만약 모발이 가늘다면 아이론 컬 고데기를 너무 오래 잡고 있지 않는다. 너무 오래 열을 가할 경우 모발이 손상 갈 수 있다. 항상 열 보호 스프레이를 먼저 뿌려주고 나서 고데기로 손질한다.

3 고데기를 뺀 다음 빗을 경우 컬이 부스스 해 질 수 있으니 빗지 않도록 하고 열이 식을 때까지 놔둔다.

4 포니테일로 묶은 부분 중 랜덤으로 골라 열 보호 스프레이를 뿌린 뒤 아이론 컬을 넣는다.

Crimping loose hair for a random texture effect 긴 생머리에 아이론 컬 넣기

Needs

- 빗
- 헤어밴드
- 열 보호 스프레이
- 아이론 컬 고데기
- 헤어스프레이

긴 생머리를 좀 더 쉬운 방법으로 색다르게 연출하고 싶다면 랜덤으로 아이론 컬을 넣어보자. 이 테크닉은 중간 길이 머리나 긴 머리에 잘 어울리며 지나치게 볼륨을 넣지 않아도 매력 있어 보인다.

1 앞의 테크닉 중 스텝3까지 해준 뒤 묶어 놓은 고무줄을 빼고 머리를 풀어주되 빗으로 빗지는 않도록 한다.

2 헤어스프레이로 머리 전체에 뿌리고 볼륨감을 더해서 고정한다.

Stylist's note

짧은 머리에 아이론 컬을 넣게 되면 너무 풍성해지기 때문에 밸런스가 잘 맞지 않을 수 있다. 머리 길이가 어깨 정도 내려오거나 혹은 더 길 때 아이론 컬을 넣어 주도록 하자.

3 아직 고데기로 컬을 내지 않은 부분에 마저 컬을 넣는다. 특히 머리 위쪽과 뒤쪽을 집중적으로 해주고 몇 초 동안 잡아준다.

4 손가락으로 컬 사이를 빗어 약간 풀어주고 볼륨감을 더해준다.

Setting hair on heated rollers 롤러로 머리 세팅하기

Needs

- 롤러
- 스타일링 로션
- 집게 핀
- 롤러 핀
- 헤어스프레이

롤러를 사용하게 되면 동시에 다른 준비도 함께 할 수 있다. 머리를 롤러로 말아 놓고 열을 식히는 동안 옷을 입거나 메이크업 등을 할 수 있다.

1 롤러에 전기를 꽂고 열을 가한다. 다 말린 머리에 스타일링 로션을 바르고 엉킨 곳이 없게 한다. 머리 위쪽은 집게 핀으로 고정하고 머리 아래쪽부터 롤러로 말아놓는다.

2 아랫머리 중에서도 앞쪽 머리를 조금 잡아 미리 열을 가해놓은 롤러로 끝에서부터 뿌리 쪽으로 감아 말아 올린 뒤 핀으로 고정한다.

Stylist's note

열을 가해 사용하는 롤러는 사이즈가 매우 다양하다. 큰 롤러는 머리 위쪽에 사용하여 더 풍성하게 보일 수 있도록 하자.

3 고정시켜 놓은 부분을 포함해 나머지 머리도 같은 방식으로 해준 뒤 약 30분 동안 롤러가 완전히 식을 때까지 놔둔다.

4 롤러를 빼고 컬을 손가락으로 자연스럽게 풀어준다. 개성을 살려 핀으로 고정하고 헤어스프레이를 뿌려 마무리한다.

Setting hair on self-gripping rollers 열없는 롤러로 머리 세팅하기

Needs

- 넓은 빗
- 스타일링 로션
- 롤러
- 헤어스프레이

부드러운 웨이브를 만들고 싶다면 꼭 열을 가한 롤러를 사용할 필요는 없다. 롤러를 머리에 그냥 말아 놓아도 자연스러운 웨이브를 연출할 수 있다. 이 롤러들은 가벼우며 사이즈도 다양해서 머리를 쉽고 빠르게 연출하고 싶을 때 매우 유용하며 사용하기도 편하다.

1 머리를 감고 타월로 물기를 제거한다. 넓은 빗으로 머리를 빗어 엉킨 곳이 없도록 하여 나중에 모발손상이 없도록 한다.

2 스타일링 로션을 머리에 먼저 발라 두면 나중에 세팅하는데 도움이 된다.

Stylist's note

롤러는 간편하게 사용할 수 있고 열이 필요하지 않기 때문에 가져가기도 매우 쉬워 휴가 가서 머리에 컬을 넣고 싶을 때 유용하게 사용할 수 있다.

3 머리 위쪽부터, 머리를 조금 잡고 롤러로 끝에서부터 뿌리까지 말아 준다. 나머지 머리도 같은 방식으로 똑같이 한다.

4 머리는 자연스럽게 바람에 마를 수 있도록 놔두고(약한 바람으로 드라이 해도 좋다) 다 마르면 롤러를 제거하고 손가락으로 컬을 풀어 준 뒤 스프레이를 뿌린다.

Using bendable rods to create an even curl 긴 막대 롤러로 타이트한 컬 넣기

섬유나 플라스틱으로 만든 긴 롤러는 타이트한 컬을 만들 때 매우 좋다. 축축한 머리에 롤러를 말아 놓고 자연스럽게 마르도록 놔둔다. 약하게 염색하거나 퍼머넌트한 머리에도 자연스럽게 컬을 넣을 수 있다.

Needs

- 넓은 빗
- 젤 타입의 스타일링 제품
- 집게 핀
- 구부려지는 긴 막대 롤러
- 헤어드라이기
- 스프레이
- 헤어핀

1 머리를 감고 타월로 물기를 제거한다. 넓은 빗으로 머리를 빗어 엉킨 곳이 없도록 하여 나중에 모발손상이 없도록 한다. 그 다음 젤 타입의 스타일링 제품을 머리 뿌리부터 끝까지 골고루 발라준다.

2 머리를 몇 갈래로 나눈 뒤 각 섹션을 꼬아서 핀으로 고정한다. 이는 다른 쪽 머리를 스타일링 하는 동안 물기가 마르지 않도록 도와준다.

3 머리를 조금 잡고 긴 롤러를 머리끝부터 뿌리 쪽으로 돌돌 말아 준다. 그런 다음 롤러 양쪽 끝을 안쪽으로 구부려 고정한다.

4 나머지 머리도 같은 과정으로 반복한다.

5 모든 머리를 롤러로 말고 나면 위와 같은 모습이 되야 한다. 그 다음 머리가 자연 바람에 마를 때까지 놔둔다.

6 롤러를 부드럽게 뺀다.

7 손가락으로 컬 사이사이를 빗어서 풀어 준다. 머리가 부스스해질 수 있으니 브러시를 사용하진 않는다.

8 머리 전체에 스프레이를 뿌려 고정하고 원하는 곳에 핀을 꽂아 마무리 한다.

Stylist's note

위와 같은 방식으로 컬을 넣을 경우 지름이 작은 롤러일수록 컬도 작아진다.

Using pin curls to create a gentle, tumbling curl 핀으로 부드럽고 둥근 웨이브 넣기

Needs

- 넓은 빗
- 스타일링 로션
- 보비 핀
- 헤어 드라이기

이 테크닉은 컬을 넣는 방법 중에서도 간편한 방법인데, 롤러로 머리를 말아놓고 자기보다 핀으로 말아 놓고 자면 훨씬 편하기 때문이다.

1 머리를 잘 빗어 엉킨 곳이 없도록 하고 스타일링 로션을 머리 전체에 잘 발라서 나중에 컬이 잘 유지되도록 한다.

2 먼저 머리를 조금 잡고 동그랗게 손가락으로 말아 준 뒤 컬 모양을 만든다.

Stylist's note

컬을 작게 만들수록 세팅해야 할 머리 길이가 더 길어지며 후에 완성했을 때 컬이 더 많아진다.

3 그 다음 머리에 컬을 붙이고 핀으로 꽂아주되 더 필요하면 두 개를 가로 질러 꽂아도 좋다.

4 나머지 다른 부분도 핀으로 고정했으면 그대로 하룻밤을 자고 일어나서 핀을 빼고 손가락으로 머리를 부드럽게 빗어서 스타일링 한다.

Using barrel curls to create volume and soft curl 동그랗게 컬을 말아서 부드러운 컬과 볼륨 연출하기

Needs

- 넓은 빗
- 스타일링 로션
- 헤어핀(보비 핀) 또는 집게 핀
- 샤인 스프레이

매우 자연스러운 웨이브나 컬을 만들어 매력적이면서도 세련되어 보이는 스타일을 연출 하고 싶다면 동그랗게 컬을 만드는 테크닉을 연습해보자. 부드럽고 흐르는 것 듯한 컬의 효과를 낼 수 있다.

1 머리를 감고 타월로 물기를 제거한다. 넓은 빗으로 머리를 빗어 엉킨 곳이 없도록 하여 나중에 모발손상이 없도록 한다. 그 다음 스타일링 로션을 머리 전체에 발라준다.

2 머리를 조금 잡고 손가락으로 느슨하게 동그란 모양으로 만든다.

3 헤어핀(보비 핀) 또는 집게 핀을 사용해 위의 사진처럼 고정하고 남은 머리도 동일하게 해준다.

4 머리를 말리고 나서 꽂아 놓은 핀을 제거하고 손가락으로 부드럽게 빗어주되 브러시를 사용하지는 않는다. 마지막으로 샤인 스프레이를 뿌린다.

Stylist's note

빠른 손질을 원한다면 헤어드라이기로 말리되 약한 열로 말려주어 컬의 모양이 바람에 날려 망가지지 않도록 한다.

Using plaits to create a gentle wave 머리를 땋아서 웨이브 연출하기

Needs

- 헤어브러시
- 집게 핀
- 헤어스프레이
- 헤어밴드
- 샤인 스프레이

머리를 땋은 후 몇 시간 그대로 놔두면 아주 멋진 웨이브를 만들 수 있다. 매우 간편한 방법으로 머리를 땋을 때는 단단하게 땋아서 나중에 풀었을 때 모양이 예쁠 수 있도록 한다.

Stylist's note

머리를 단단하게 땋을수록 웨이브가 더 선명해 진다.

1 머리에 엉킨 곳이 없어질 때까지 브러시로 빗는다.

2 머리를 두 갈래로 나눈 뒤 한 쪽을 집게 핀으로 고정하고 다른 쪽은 헤어스프레이를 뿌린다.

3 핀을 꽂지 않은 쪽 먼저 세 갈래로 나눈 뒤 땋아주고 머리끝은 헤어밴드로 묶어 주고 다른 쪽도 마찬가지로 똑같이 한다.

4 몇 시간 동안 그대로 놔둔 뒤 땋은 머리를 풀고 손가락으로 살살 빗는다. 마지막으로 샤인 스프레이를 뿌려 마무리 한다.

Using multi-plaits to create a stronger wave 땋은 머리를 사용해 더 강한 웨이브 연출하기

머리를 몇 갈래로 땋으면 자연스러운 웨이브를 더 강조할 수 있다. 머리숱에 따라 몇 갈래로 머리를 땋을지 먼저 정한다. 컬의 사이즈가 나중에 똑같을 수 있도록 비슷한 크기로 땋아 주어야 한다.

Needs

- 빗
- 스타일링 로션
- 클립
- 헤어밴드
- 헤어드라이기
- 헤어스프레이

1 젖은 머리를 빗어 준다. 그 뒤 스타일링 로션을 머리 전체에 발라주고 비슷한 양으로 최소 4갈래로 나눈다. 더 풍성하게 연출하고 싶다면 더 많은 갈래로 나눈다.

2 각 갈래마다 머리를 땋아 준 뒤 끝을 헤어밴드로 묶는다.

Stylist's note

축축한 상태에서 머리를 땋아준 뒤 하루 자고 일어나면 더 강한 컬을 연출할 수 있다.

3 머리를 다 땋고 나면 헤어드라이기로 빨리 말리든지, 아니면 자연 바람에 말리도록 놔두는데 약 2시간 정도 걸린다.

4 땋은 머리를 다 말리면 묶어 놓았던 고무줄을 빼고 손가락으로 빗는다. 원하는 모양대로 스타일링 하고 스프레이를 뿌려 고정한다.

Forming a Marcel wave for a retro look 복고풍의 물결 퍼머넌트머리

Needs

- 헤어드라이기
- 액체 타입의 젤 또는 스타일링 제품
- 빗
- 집게 핀

복고풍으로 머리를 연출 하고 싶다면 이 오래된 테크닉을 사용해 웨이브를 넣어 보자. 앞머리는 마치 영화배우 처럼 보일 수 있다. 완벽하게 연출하기 까지 꽤 많은 연습이 필요하긴 하지만 그만한 가치가 있다.

1 머리를 감고 완전히 말린다.

2 액체 타입의 젤 또는 스타일링 제품을 머리 위쪽에 발라준 뒤(머리 위부터 귀 쪽까지), 빗으로 부드럽게 빗어 내린다.

Stylist's note

이 웨이브를 연출할 때에는 납작한 금속 집게 핀을 사용하여 머리가 마르고 나서도 자국이 남지 않도록 한다.

3 손가락을 사용하여 머리를 매끄럽게 한 뒤 헤어라인 쪽에 핀을 꽂고 그 다음 머리를 약간 세워 S자 모양이 되게 한 뒤 핀으로 고정한다.

4 첫 번째로 꽂은 핀 다음으로 두 번째 컬을 넣는다. 반대 쪽도 같은 방법으로 스타일링 해 준 뒤 세팅 될 때까지 기다렸다가 클립을 뺀다.

Using your fingers to shape shorter hair 손으로 짧은 머리 연출하기

Needs
- 빗
- 스타일링 제품

짧은 머리를 손질 할 때 거울 앞에서 헤어드라이기로 장시간을 쏟지 않아도 멋진 모습을 연출할 수 있다. 텍스쳐라이징 제품을 머리에 바르고 손가락을 사용하여 머리 모양을 잡아 주도록 하자.

1 머리를 감고 타월로 물기를 제거한다. 젤 또는 스프레이, 로션을 머리 전체에 발라주고 빗으로 빗는다.

2 손가락으로 스타일링 제품이 머리 뿌리부터 끝까지 골고루 흡수되도록 만진다.

Stylist's note

올바른 스타일링 제품을 골라야 이와 같은 스타일을 연출할 수 있다. 헤어디자이너에게 조언을 구해도 좋다.

3 손가락으로 머리를 쓸어 내려 주되 뿌리 부분은 너무 납작하지 않게끔 세운다.

4 머리 전체를 손가락으로 빗으며 얼굴과 모습에 어울리는 스타일로 연출한다.

Using gel to create a smooth, wet look on shorter hair 젖어있는 듯한 짧은 머리 연출하기

Needs
- 넓은 빗
- 젤

이 발랄한 스타일은 요정 같은 컷 머리에 얼굴형이 다소 강한 사람한테 잘 어울리고 두상과 컷이 부각된다. 이 스타일을 하기 위해서 과감해 져야 하긴 하지만 이목을 집중시킬 수 있는 스타일이기도 하다.

1 머리를 감고 타월로 말려 물기를 제거한다. 머리를 엉킨 곳이 없도록 넓은 빗으로 잘 빗어서 후에 모발에 손상이 가지 않도록 한다.

2 스타일링 젤을 손에 덜어 비벼준다.

Stylist's note

젤은 앞머리를 한쪽으로 세워, 잘 고정해주는 제품이다.

3 손가락으로 머리 전체에 뿌리부터 끝까지 골고루 바른다.

4 원하는 모양대로 빗으로 머리를 빗어주고 마를 때까지 놔둔다.

Using gel to create spikes on shorter hair 짧은 머리에 스파이크 연출하기

Needs
- 넓은 빗
- 젤
- 헤어드라이기
- 빗

만약 컷의 층이 짧고 길다면 텍스처를 다양하게 넣어 변화를 준 이 스타일이 매우 잘 어울린다. 짧게 층진 머리가 긴 머리를 더욱 부각되도록 해준다.

1 머리를 감고 타월로 말려 물기를 제거한다. 머리를 엉킨 곳이 없도록 넓은 빗으로 잘 빗어서 후에 모발에 손상이 가지 않도록 한다.

2 손바닥에 젤을 덜어 비빈 후 머리 뿌리부터 끝까지 골고루 바른다.

3 헤어드라이기로 머리를 말리되 뿌리는 세우면서 말리고 머리 아래쪽에서 바람이 닿도록 하여 볼륨감이 생길 수 있도록 한다.

4 머리 몇 부분을 잡아 꼬아주고 백콤(backcomb)을 해주어 세우고 원하는 모양대로 머리를 스타일링 한다.

Stylist's note

젤은 강한 타입, 중간 타입, 약한 타입 등 종류가 다양하니 각자 모발 타입에 맞는 제품을 골라 쓴다.

Using mousse to create a bedhead finish on longer hair 헝클어진 듯한 긴 머리 연출하기

Needs

- 넓은 빗
- 볼륨마이징 무스
- 텍스쳐라이징 스프레이

헤어제품을 사용하여 머리에 텍스쳐를 넣게 되면 매우 활기차 보인다. 무거운 느낌이 나거나 모발 양이 많은 긴 머리에 매우 잘 어울린다.

1 머리를 감고 타월로 말려 물기를 제거한다. 그 다음 머리를 엉킨 곳이 없도록 넓은 빗으로 잘 빗어 주고 손바닥에 무스를 뿌린다.

2 양 손을 비빈 후 머리 뿌리부터 끝까지 골고루 발라서 볼륨감이 생기도록 한다.

3 머리를 숙인 상태에서 머리끝에서부터 뿌리 쪽으로 눌러 잡는다. 자연스럽게 마르도록 놔두고 볼륨을 더 넣고 싶은 곳은 다시 머리를 잡았다 풀어준다.

4 마지막으로 텍스쳐라이징 스프레이를 머리 전체에 뿌려서 볼륨이 더 살아나도록 한다.

Stylist's note

머리를 대충 말릴 때 손가락으로 빗어 주며 말려야 머리가 엉키지 않는다.

Fitting and wearing a wig with a natural hair fringe 본래 앞머리와 가발로 스타일 연출

Needs

- 빗
- 머리망
- 가발
- 브러시

가발을 쓰게 되면 뿌리 쪽에 머리가 다시 자라면서 색깔이 달라지거나, 간혹 튀어나오는 얇은 머리카락을 숨겨야 하거나, 혹은 길이 문제 때문에 많은 문제가 있다. 앞머리는 그대로 놔둔 채 컬러만 맞춘다면 더욱 자연스러워 보일 수 있다.

1 말린 머리를 빗으로 부드럽게 빗어 주고 최대한 차분하게 만든다. 긴 머리는 머리망에 집어넣어 머리를 가능한 한 납작하게 한다.

2 가발을 정수리에 위치시키고 뒤에서부터 앞쪽으로 씌어 줄 준비를 한다.

Stylist's note

가발을 씌울 때 원래 앞머리는 그대로 놔두면서 머리 뒤쪽에서 앞쪽으로 씌어주도록 하자.

3 앞머리는 그대로 놔둔 채 가발을 앞쪽으로 끌어 당겨 고정한다.

4 가는 빗 보다는 브러시로 가발과 원래 머리를 잘 빗는다. 가는 빗을 사용하면 가발을 잡아 당겨 위치가 흐트러질 수 있다.

Fitting and wearing a whole-head wig 가발 쓰기

가발로 멋진 변신을 시도해 보자! 헤어컬러, 길이, 머릿결을 바꿀 수 있다. 가발 종류는 매우 다양한데, 현대 가발은 굉장히 가볍고 편하면서도 잘만 쓰면 자연스러워 보인다.

Needs

- 브러시
- 헤어스프레이
- 헤어밴드
- 보비 핀
- 머리 망
- 가발

1 머리를 빗어 부드럽게 만들고 헤어스프레이를 뿌려 머리를 고정한다.

2 긴 머리는 고무줄로 뒤로 묶는다. 앞머리는 보비 핀으로 깔끔하게 꽂아 고정한다.

3 머리 망을 씌우고 머리를 최대한 납작하게 한다.

4 머리에 가발을 놓고 앞에서부터 뒤로 씌우면서 앞쪽 헤어 라인과 가발 앞면을 맞춘다.

5 가발 뒤쪽을 잡아 당겨 머리에 고정한다.

6 가발을 고정하면 편한 느낌이 있어야 하고 헤어라인과 일치해야 한다. 그 다음 브러시로 빗는다.

7 매직기로 가발을 펴서 매끄럽게 한다. 인공 섬유에도 열을 가할 수 있는데 단, 제조 설명서를 반드시 읽어야 한다.

8 마지막으로 머리 전체에 스프레이를 뿌려 고정한다.

Stylist's note

머리를 넣을 머리 망이 없다면 나일론 스타킹의 발 부분을 잘라 대신 사용할 수 있다.

Fitting and wearing a hair weft 붙임머리로 스타일 연출하기

Needs

- 브러시
- 집게 핀
- 붙임머리

붙임머리를 머리에 붙이면 빠르면서도 재미있게 머리색을 다채롭게 변화 할 수 있다. 먼저 원하는 색을 고르고 핀으로 고정한다. 붙임머리 제거는 매우 쉬우며 몇 번이고 다시 사용할 수 있다.

1 말린 머리를 부드럽게 빗어서 엉킨 곳이 없도록 한다.

2 머리에 가르마를 타고 가르마를 탄 부분 조금 아래 부분의 머리를 조금 잡아 올린 뒤 집게 핀으로 임시로 고정한다.

Stylist's note

붙임머리를 가르마 아래쪽에 붙이면 붙임머리를 쉽게 감출 수 있다.

3 붙임머리를 고르고 맨 위에 작은 빗을 장착한다. 붙임머리의 넓이에 따라 두 개 또는 그 이상 붙일 수 있다.

4 붙임머리를 붙일 곳의 머리를 어 준 뒤 붙임머리를 고정하 나서 머리로 가린다. 그 뒤 붙임머리 원래 머리가 잘 섞일 수 있도록 한다.

Fitting and wearing a false fringe 앞머리 가발 쓰기

Needs
- 빗
- 접착력 약한 스프레이
- 앞머리용 밴드

가발을 사용하면 빠른 시간에 머리에 변화를 줄 수 있다. 가발을 고정하는 방법은 다양한데 집게 핀, 헤어밴드, 안쪽에 장착하는 핀 등이 있으며 인공 섬유 가발 또는 인모를 사용한 가발 중에서 고를 수 있다.

1 머리를 말린 후 이마 뒤로 빗으로 빗어 넘겨준 뒤 헤어스프레이를 뿌린다. 그 다음 헤어컬러와 최대한 매치되는 가발을 고른다.

2 앞머리 가발을 고무줄에 고정한다. 그 다음 이마 쪽에 가발을 놓고 위의 사진에 보는 것처럼 고무줄을 귀 뒤로 넘긴다.

3 고무줄을 뒤로 당긴 후 앞머리를 앞으로 내리고 헤어라인에 따라 맞춘다. 가발은 원래 머리와 어울리도록 잘 손질한다.

4 평소와 같이 머리를 손질한다. 인공섬유는 열을 가할 수는 있지만, 반드시 설명서를 확인 한 후 열을 가한다.

Stylist's note

부분가발을 사용할 때 머리색과 잘 매치 되는 것을 골라야 한다. 가발을 고를 때 다른 사람에게 물어봐서 쉽게 구별할 수 있는지 물어본다.

Fitting and wearing a false ponytail 포니테일 가발로 연출하기

Needs

- 브러시
- 헤어밴드
- 헤어스프레이
- 포니테일 가발
- 보비 핀
- 샤인 스프레이

포니테일로 묶었을 때 길이를 더 길게 해주면 훨씬 화려하고 눈에 띄는 스타일로 만들 수 있다. 이제 포니테일 부분가발을 사용해 길이를 더 길게 해보자. 이 방법은 빠르고 쉽게 스타일링 할 수 있는 방법이다.

1 머리를 말리고 단정하게 빗어서 엉킨 곳이 없게 한다.

2 머리를 포니테일로 묶고 고무줄로 고정한 뒤 헤어스프레이를 뿌린다. 손바닥에 스프레이를 뿌려 비벼준 후 머리에 발라 차분하게 만든다.

3 부분 포니테일 가발을 머리에 대어본다. 원래 머리보다 훨씬 길고 색깔도 매치되는 것을 고른다.

4 이 부분의 포니테일 가발은 큰 집게 핀이 장착되어(crocodile-clip) 원래 묶은 포니테일 부분에 꽂아서 고정할 수 있다.

5 원래 묶은 포니테일 머리 중 조금 빼서 묶은 부분 주위를 한 바퀴 돌려 보비 핀으로 고정한다.

6 원래 머리와 가발이 잘 어울려질 수 있도록 손가락으로 빗는다.

7 포니테일에 샤인 스프레이를 뿌린다.

8 포니테일 가발이 어디에 고정이 되었는지 보이면 안 된다. 최대한 자연스럽게 보일 수 있도록 한다.

Stylist's note

컬이 들어간 가발을 생머리에 붙일 때 항상 원래 머리에 컬을 먼저 넣어서 나중에 가발에 있는 컬과 잘 어울릴 수 있도록 해야 한다.

A range of fringe finishes for different effects 앞머리로 색다른 효과 연출하기

앞머리는 헤어컷에 따라 얼굴형의 특징을 잘 살려서 눈, 헤어컬러 및 헤어스타일의 텍스쳐가 잘 부각된다. 매우 다양하게 스타일링 할 수 있는데 앞머리를 내는 방법을 다르게 해서 외모에 변화를 줄 수 있다.

1

2

3

4

1 앞머리를 부드럽게 드라이 해준 다음 샤인 크림을 발라서 앞머리를 강조한다. 원한다면 머리를 약간 옆으로 넘겨도 되는데 그러면 한층 부드러움을 더하게 되고 매우 우아해 보이는 효과를 낼 수 있다.

2 앞머리를 눈을 살짝 가리도록 길게 내주게 되면 매우 매혹적으로 보인다. 이 앞머리는 드라이기로 최대한 부드럽게 말아주고 컬이 있는 단발머리와 대조하면 아주 예쁘다.

3 긴 머리에 앞머리를 길게 내주면 발랄해 보이면서도 매우 상쾌해 보인다. 하지만 꼭 일자 앞머리를 낼 필요는 없다. 약간 층을 낸다면 손질하기 훨씬 쉬울 것이다.

4 긴 머리를 뒤로 묶고 앞머리를 내리면 직사각형 얼굴에 잘 어울린다.

5 앞머리에 가르마를 타고 한쪽으로 넘기면 긴 앞머리와 같은 효과를 낼 수 있다. 스무딩 크림 또는 스프레이를 뿌려서 고정한다.

5

Dressing hair

헤어 연출하기

다양한 방법의 필수적인 드라이 스킬, 세팅하는 방법, 가발을 붙이는 방법을 알았다면 이제 환상적인 스타일을 연출할 수 있는 기본적 노하우를 배워보자. 이번 장에선 따라 하기 쉬운 단계별 테크닉, 부드러운 마무리 손질법, 텍스쳐 넣는 방법, 올림머리, 뒤로 올린 머리, 핀으로 고정된 머리를 다양하게 앞머리 손질하는 방법들 등에 대해 배우게 될 것이다. 혼자서 이만큼이나 헤어 연출이 가능하다는 사실이 매우 놀라울 것이다. 한 번 해보고, 친구들에게도 뽐내 보자.

Creating a rolling ponytail on longer or mid-length hair 중간 길이나 긴 머리에서 포니테일로 롤 연출

머리를 완전히 예쁘게 올릴 자신도 없고 시간도 없다면 이 스타일을 해보자. 생각보다 훨씬 쉬우면서도 눈에 띄는 모습이 된다. 단순히 머리를 말아 올리기만 하면 된다.

Needs

- 넓은 빗
- 열 보호 스프레이
- 집게 핀
- 헤어드라이기
- 디퓨저
- 보비 핀

1 머리를 감고 타월로 말린 뒤 물기를 제거한다. 넓은 빗으로 빗어 엉킨 곳이 없도록 하여 후에 모발에 손상이 가지 않도록 한다.

2 머리 전체에 열 보호 스프레이를 뿌려 모발 손상을 막아 준다.

3 머리 위쪽은 따로 고정시켜 놓는다. 그런 다음 디퓨저로 아래머리끝과 중간 부분을 말린다.

4 다 말린 후 위에 고정시켜 놓은 집게 핀을 제거하고 같은 방식으로 디퓨저로 말린다.

5 머리 앞 귀 쪽에서 머리를 잡고 느슨하게 꼬아준 뒤 머리 뒤로 넘겨준다.

6 뒤로 넘겨 줄 때 머리를 더해주고 손가락으로 사이를 벌려서 헐렁하게 꼬이도록 한다.

7 머리 뒤쪽에서 꼬아 넘긴 머리를 중앙에 고정한다.

8 같은 방식으로 반대 방향도 하고 처음 고정한 머리 위에 핀으로 고정한다. 고정한 부분 끝은 잘 풀어서 자연스럽게 만든다.

Stylist's note

포니테일 머리에서 볼륨감을 넣기 전에 디퓨저로 충분히 말려야 롤이 잘 보이는 더 예쁜 스타일을 만든다.

Placing ponytails for different effects 포니테일로 색다른 효과 연출하기

Needs

- 브러시
- 헤어스프레이
- 헤어밴드

학생의 포니테일머리에 조금만 변화를 주어도 패션잡지, 또는 패션쇼에 나올 법한 머리로 만들 수도 있다. 완벽한 위치 변화가 핵심인 포니테일로 스타일리시한 느낌을 만드는 방법을 알아보자.

1 머리를 브러시로 빗어 부드럽게 해주고 엉킨 곳이 없도록 한다.

2 머리를 뒤로 빗어 넘기고 하나로 모은 후 한 손으로 고정한다.

3 포니테일 머리를 묶어 줄 때, 헤어밴드보다 고무줄로 묶는 것이 나중에 쉽게 풀리지 않아서 좋다.

4 포니테일을 머리 뒤쪽 중간쯤에 고정한다.

5 머리를 앞으로 숙인 채 머리를 낮게 묶어 줄 수도 있다. 위치는 목덜미 쪽에 더 가깝다.

6 이 사진이 낮게 포니테일로 묶었을 때의 모습이다. 장식이 달린 헤어밴드로 묶어도 좋다.

7 높게 포니테일을 묶고 싶다면 머리를 약간 뒤로 젖히고 머리를 묶는다. 이 때 묶은 머리는 머리끝보다 위로 올라간다.

8 머리를 높게 묶은 모습이다.

Stylist's note

본인의 머리 측면을 살펴 어느 위치의 포니테일이 가장 잘 어울릴지 정한다.

Creating a perfect plaited ponytail 포니테일 머리 땋아서 연출하기

Needs
- 헤어브러시
- 헤어스프레이
- 헤어밴드
- 샤인 스프레이
- 액세서리

심플하지만 땋은 머리가 단정해 보이면서 꽤 분위기 있는 테크닉이다. 한 번 마스터 해놓으면 다양한 스타일에 적용할 수 있다. 포니테일로 묶은 머리를 땋아 연출한 스타일을 함께 해보자.

1 머리를 말리고 잘 빗어서 엉킨 곳이 없도록 하고 포니테일로 묶은 뒤 헤어밴드로 고정한다.

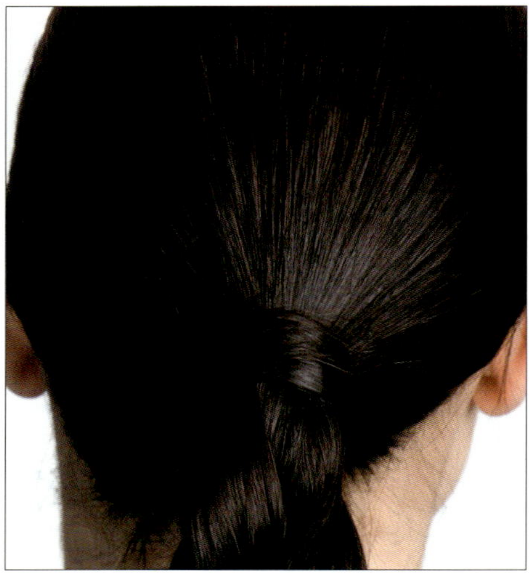

2 포니테일에서 머리를 조금 빼서 고무줄 위로 돌려 고정해 깔끔해 보이도록 한다.

3 헤어스프레이를 머리 전체에 뿌리되 너무 많이 뿌리면 나중에 손질하기 힘드니 적당히 뿌린다. 머리 위에서 뿌려주고 흡수될 때까지 잘 놔둔다.

4 포니테일을 세 갈래로 나눈다.

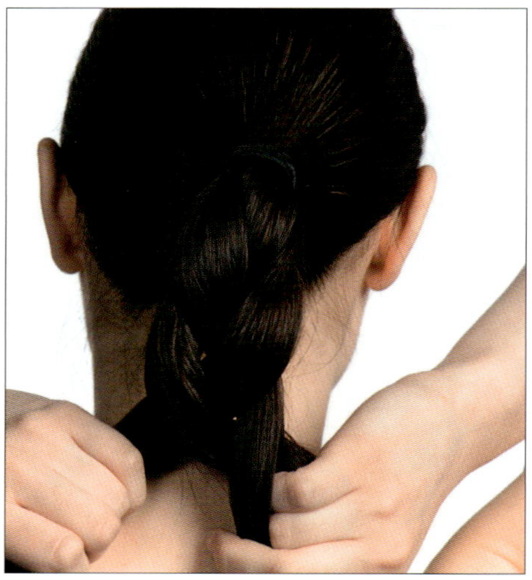

5 세 갈래를 땋아준다. 왼쪽 갈래를 중간 갈래 위로, 오른쪽 갈래를 중간 갈래 위로 땋아주기를 반복한다.

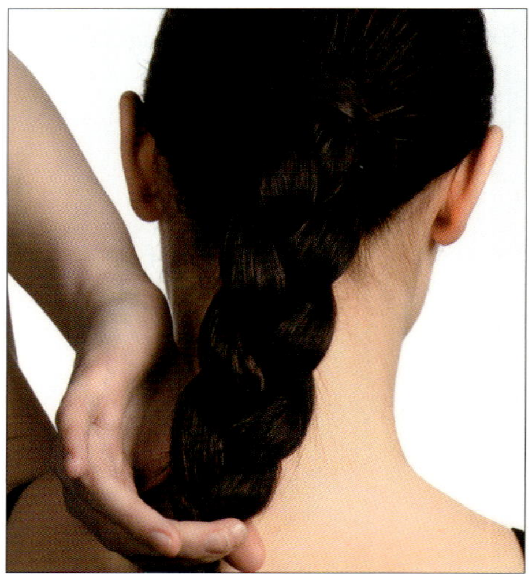

6 머리끝까지 계속 땋는다.

7 머리끝을 고무줄로 묶고 샤인 스프레이를 뿌린다.

8 파티에 간다면 액세서리로 머리끝을 장식하자.

Stylist's note

머리를 땋기 전에 스프레이를 뿌려주면 머리가 차분해 지고 더 단정한 모습을 연출할 수 있다.

Creating a perfect ballerina bun 발레리나 올림머리 연출하기

Needs
- 헤어브러시
- 헤어스프레이
- 헤어밴드
- 보비 핀

단정하고 우아한 발레리나 올림머리는 얼굴에 머리가 흘러내리지 않고 얼굴선을 아름답게 보여줘야 하는 댄서들에게 아주 잘 어울리는 스타일이며 동시에 늘 클래식한 분위기를 자아내는 스타일이다. 다양하게 액세서리를 붙이는 시도도 좋다.

1 머리를 말리고 브러시로 빗어서 엉킨 곳이 없도록 한다.

2 주로 머리를 뒤로 넘겨 포니테일로 목덜미 쪽에서 묶지만 개인 취향에 따라 다소 다르게 할 수도 있다. 그 다음 헤어밴드로 묶어주고 스프레이를 뿌려 고정한다.

3 포니테일로 묶은 머리를 부드럽게 꼬아준다.

4 머리 뒤쪽에서 계속 타이트하게 꼬아준다.

5 머리를 계속 꼬면서 위로 올려준다.

6 포니테일로 묶은 부분에 꼬아놓은 머리를 감싸면서 말아 준다.

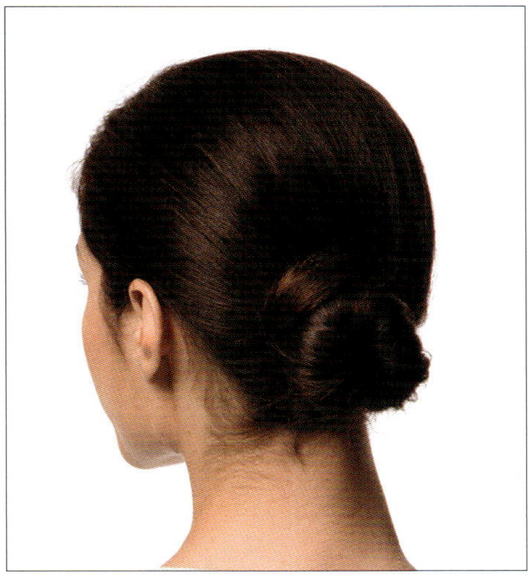

7 손질이 끝나면 위와 같은 모습이 된다.

8 헤어스프레이를 뿌려 머리를 차분하게 만든다.

Stylist's note

너무 분위기가 무거워 보이면 머리 몇 가닥을 빼서 좀 더 부드러운 이미지가 풍기도록 하자.

Creating a perfect French roll 프렌치 롤 연출하기

Needs

- 헤어브러시
- 헤어스프레이
- 유핀(U핀)
- 액세서리

틀어 올린 머리는 매우 매력적이고 세련되어 보인다. 좀 더 편안한 느낌을 내려면 다소 느슨하고 캐주얼하게 머리를 틀어 올려주자. 파티에선 액세서리로 장식할 수 있다.

1 머리를 말린 후 빗어 부드럽게 하고 엉킨 곳을 푼다.

2 머리를 뒤로 넘겨 포니테일로 묶되 약간 한 쪽으로 치우치게 해서 손으로 잡는다.

3 포니테일을 묶지 말고 그대로 꼬아서 돌리면서 위로 올리되 롤 모양이 되게 한다.

4 끝이 오픈된 핀으로 롤을 고정시키되 나중에 풀리지 않도록 가능한 한 머리에 단단히 붙여준다.

5 핀으로 고정하면 위 사진과 같은 모습이 된다.

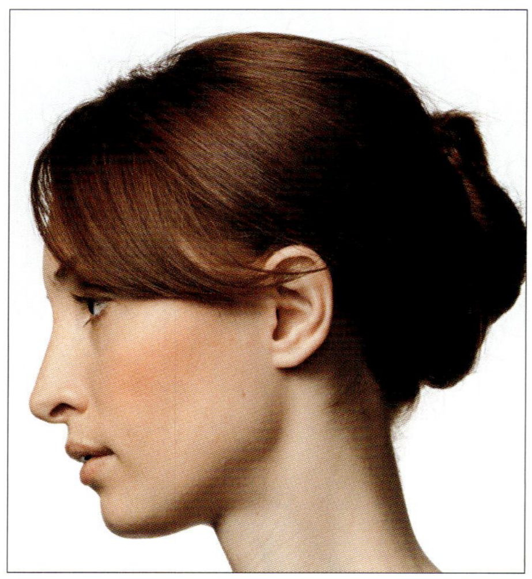

6 옆에서 보면 위와 같은 모습이 된다.

7 헤어스프레이를 뿌려 고정하고 머리에 윤기가 나도록 한다.

8 액세서리로 장식해도 좋다.

Stylist's note

끝이 오픈된 핀을 사용해서 머리를 고정한다. 원하는 만큼 핀을 꽂도록 하되 가능하면 보이지 않도록 고정한다.

Creating a perfect woven bun 땋은 머리 올리기

Needs

- 헤어밴드
- 보비 핀
- 헤어스프레이

심플한 발레리나 올림머리를 하기 전에 머리를 땋아서 올리면 더 예쁜 머리를 연출할 수 있다. 특히 층진 머리를 올릴 때 더 어려울 수 있는데 핀으로 고정하면 더 간편하다.

1 머리 뒤쪽에서 약간 한 쪽으로 치우치게 포니테일로 묶어주고 앞머리는 옆으로 가르마를 타 준다.

2 포니테일 머리를 땋고 헤어밴드로 묶는다.

3 땋은 부분 중 포니테일로 묶은 부분을 중심으로 말아준다.

4 땋은 머리를 다 말면 번 모양이 된다.

5 말고 남은, 땋은 부분은 위쪽에 있어야 땋은 모양이 부각된다.

6 끝에 남은 부분은 올린 머리 안으로 안보이게 넣고 보비 핀으로 고정한다.

7 위의 사진은 머리를 완성했을 때 옆에서 본 모습이다.

8 헤어스프레이를 뿌려서 머리를 차분하게 한다.

Stylist's note

올림머리 또는 포니테일을 약간 한쪽으로 치우쳐 고정할때 각자의 개성을 살려 연출할 수 있다.

Creating a perfect French pleat 디스코 머리로 땋아 연출하기

Needs
- 브러시
- 헤어스프레이
- 헤어밴드
- 액세서리

이 스타일은 매우 화려하면서도 클래식한 분위기를 풍기며 특히 층진 머리일 때 편하다. 이 테크닉을 배우면 머리를 수직이나 가로로 땋거나, 땋은 머리를 보이지 않게 할 수 있다.

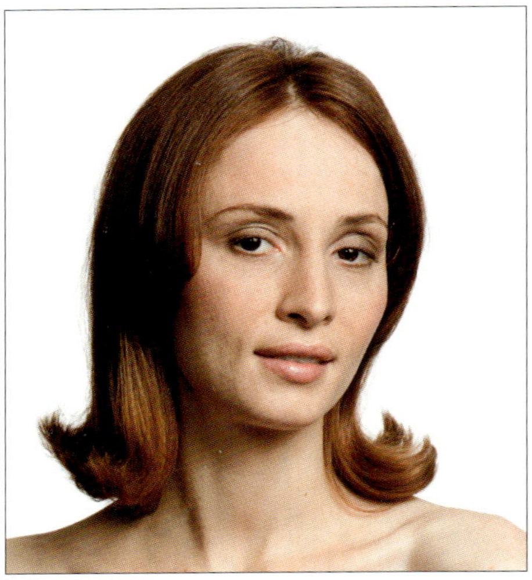

1 머리를 말린 후 빗어서 엉킨 곳이 없도록 하고 완전히 부드럽게 만든다.

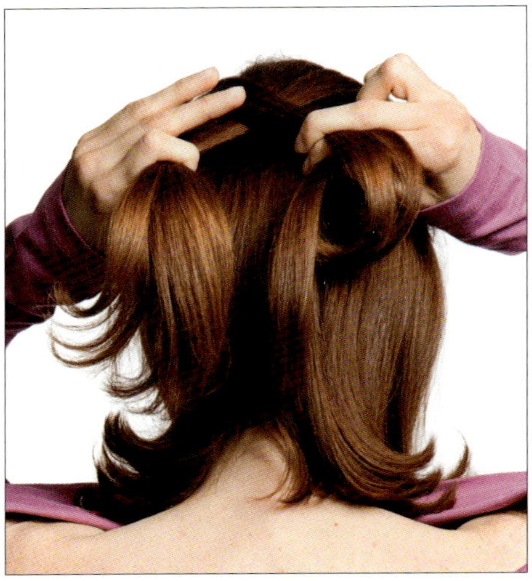

2 머리 위쪽부터 시작하되 중심부를 잡고 세 갈래로 나눈 뒤 땋는다.

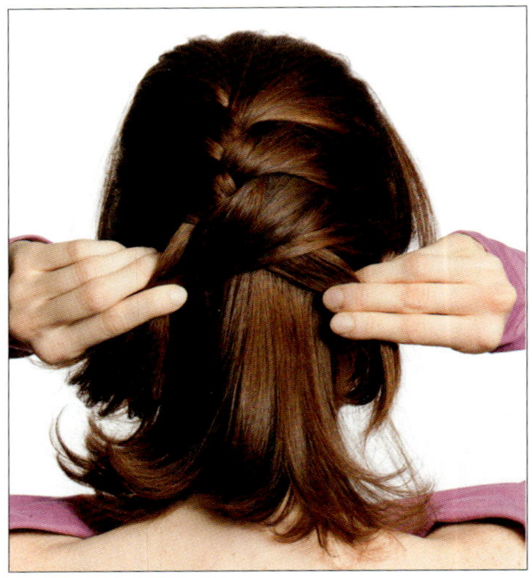

3 한 개 또는 두 개 정도 땋은 후 옆의 다른 머리를 합쳐서 땋는다. 머리끝까지 땋아주되 모든 머리를 합쳐야 한다.

4 머리끝까지 땋아주고 고무줄로 묶는다.

5 머리를 묶고 남은 부분을 땋은 머리 안쪽으로 집어넣어 핀으로 고정한다.

6 헤어스프레이를 뿌려 고정한다.

7 머리끝을 안으로 넣을 때 비스듬히 넣어서 롤 모양으로 만들어도 좋다.

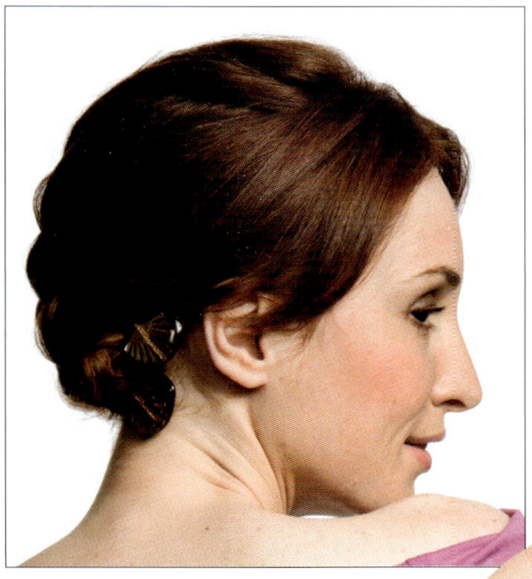

8 머리 장식품, 액세서리를 꽂아도 좋다.

Stylist's note

이 스타일을 처음 한다면 거울 한 개는 앞에 놓고 다른 한 개는 뒤에 놓아 땋는 과정을 보면서 하면 도움이 된다.

Creating a sweet asymmetric back-do 비대칭 모양으로 머리 올리기

Needs
- 패들 브러시
- 헤어드라이기
- 롤러 (heated rollers)
- 고무줄

포니테일 스타일에 색다른 느낌을 주고 싶다면 뒤로 올린 머리 스타일을 해보자. 목 주변으로 머리가 부드럽게 떨어져 내려오며 부드럽게 보이게 하면서 동시에 화려해 보인다.

1 머리를 잘 빗어주고 엉킨 곳이 없도록 부드럽게 말린다.

2 패들 브러시와 헤어드라이기를 사용해 머리를 최대한 부드럽게 말린다.

3 열을 가한 롤러를 중간 정도까지 약 세 번 정도 말아 준다.

4 롤러 자체에 있는 핀이나 집게 핀을 사용해 롤러의 열이 완전히 식을 때까지 놔둔다.

5 핀과 롤러를 제거한다.

6 브러시로 가볍게 빗어서 컬을 더 느슨하게 만든다.

7 머리를 귀 쪽 라인에 맞춰 가르마를 타고 머리숱이 많은 부분은 낮게 포니테일로 묶어 주고 다른 부분은 그대로 놔둔다.

8 묶지 않은 머리를 잡고 포니테일로 묶은 머리 아래로 집어넣어 한 바퀴 돌린다. 그 다음 고무줄이 보이지 않도록 고정하고 나머지 부분은 흘러내리게 놔둔다.

Stylist's note

이 스타일은 머릿결이 매우 매끄러워 보인다. 헤어브러시와 중간 세기의 열로 머리를 말려 주면 훨씬 더 부드럽게 된다.

Creating a textured twist up-do on longer hair 긴 텍스쳐 머리 올리기

Needs

- 헤어드라이기
- 집게 핀
- 보비 핀
- 끝이 오픈된 핀
- 브러시
- 헤어스프레이

긴 머리를 올리는 테크닉은 매우 재미있으면서 낮이나 밤, 아무 때나 어울리는 스타일이다. 생머리를 올리는 대신 텍스쳐 머리를 올려보자. 또 올리고 남은 머리는 자연스럽게 풀어헤쳐주어 부드러움을 강조해 주자.

1 디퓨저로 머리를 말리면서 텍스쳐와 볼륨을 넣는다(116–17쪽 참고).

2 양쪽 귀 뒤로 가르마를 타고 위 사진처럼 앞과 뒤를 나눈다.

3 뒷머리를 잡아 꼬아 올리고 끝은 다시 돌려서 위와 같은 모습으로 고정한다. 고정할 때는 보비 핀을 사용한다.

4 앞머리를 따로 잡고 뿌리 근처에서 브러시를 사용해 거꾸로 빗는다.

5 계속 브러시로 거꾸로 빗어주면서 앞에 따로 빼둔 부분도 모두 해준다.

6 앞머리를 전체적으로 들어 뒤로 넘긴다. 뒤로 넘길 때는 세워주면서 높인다.

7 브러시로 머리 위쪽을 빗으면서 부드럽게 해준다.

8 앞쪽에서 뒤로 세워 넘긴 부분은 핀으로 꽂아주되 스텝3 부분에서 만든 머리 쪽에 고정한다. 완성되면 위의 사진처럼 된다. 마지막으로 헤어스프레이를 뿌려 고정한다.

Stylist's note

이 스타일을 완전히 마스터하기 위해선 몇 번의 연습이 필요하다. 그래야 시간이 훨씬 단축된다.

Special occasions
특별한 날

중요한 날에 아주 멋진 헤어스타일을 연출하고 싶다면 다음에 소개되는 스타일 중 하나를 골라 시도하자. 우아하고 클래식한 스타일을 고르든, 세련되고 현대적인 스타일을 고르든, 머리 스타일을 지속할 수만 있다면, 자신 있게 환상적인 스타일을 선보일 수 있다. 다음의 테크닉들을 평소에 미리 연습해두면 특별한 날에 차분하면서 더 멋진 스타일을 연출할 수 있다.

Creating a sleek, elegant finish on shorter hair 매끄럽고 우아한 짧은 머리 연출하기

Needs

- 헤어브러시
- 스타일링 로션
- 큰 고데기
- 헤어스프레이
- 샤인 스프레이

짧은 머리는 세심한 노력만 기울인다면 긴 머리를 올렸을 때처럼 우아함을 뽐낼 수 있다. 스타일을 더 부각시키기 위해서는 적절한 헤어제품을 사용하도록 하자.

1 머리를 깔끔하게 빗고 엉킨 곳이 없도록 부드럽게 말린다.

2 스타일링 로션을 손에 덜어 비벼준 후 머리 전체에 골고루 바른다. 나중에 열을 가할 때 모발을 보호할 수 있다.

Stylist's note

만약 고데기 때문에 양쪽에 볼륨이 지나치게 많이 들어갔다면 매직기를 사용하여 머리 중간부터 끝까지 펴주어 볼륨을 약하게 해줄 수 있다.

3 머리 위쪽 부분부터 조금씩 잡아서 큰 고데기로 끝을 말아 뿌리까지 감아준다. 같은 과정을 한두 번 정도 더 해준다.

4 모든 머리를 고데기로 말았다면 브러시로 모양을 잡아주며 잘 빗어 준다. 마지막으로 헤어스프레이와 샤인 스프레이를 뿌려 마무리 짓는다.

Creating a glamorous pin-up on shorter curly hair 우아한 짧은 퍼머넌트머리 연출하기

Needs

- 머리 고정시킬 것 (바비 핀 등)
- 헤어스프레이

중요한 저녁 행사에 가야 하는데 시간이 없을 때 또는 스타일링 도구가 없을 때, 퍼머넌트머리를 핀으로 고정하면 심플하면서도 스타일리시해 보여 행사의 주인공이 될 수 있다.

1 머리 앞쪽에서 머리를 조금 잡아들어 준다. 뒤쪽 반대 방향으로 넘겨 핀으로 고정하고 다른 쪽도 마찬가지로 똑같이 한다.

2 다른 쪽 머리도 들어서 뒤로 넘겨 핀으로 꽂아 얼굴을 드러낸다.

Stylist's note

앞쪽에 머리를 넘길 때 마다 핀으로 고정시키되 핀이 보이지 않도록 이전에 핀을 꽂아 놓은 부분 위로 머리를 넘긴다.

3 뒤쪽에 너무 많은 핀을 꽂지는 말자. 남은 컬 머리는 그냥 풀어두어야 부드러움을 더한다.

4 핀을 다 꽂으면 이마가 잘 보여야 하고 앞에 넘긴 머리가 세워져야 한다. 마지막으로 스프레이를 뿌려 고정한다.

Creating a quick, chic party look on shorter hair 짧은 머리 빠르게 파티룩 연출하기

집에서 준비하지 못하고 사무실에서 급하게 파티에 참여해야 할 때, 차분하면서도 어떤 옷에도 잘 어울릴만큼 세련되고, 특별한 연출이 가능한 스타일이다.

Needs

- 빗
- 스타일링 로션
- 집게 핀
- 작은 둥근 브러시
- 헤어드라이기
- 헤어스프레이
- 샤인 스프레이

1 머리를 빗고 엉킨 곳이 없도록 한 뒤 먼저 발랐던 제품이 있으면 씻는다.

2 머리를 빗어서 부드럽게 해주고 스타일링 로션을 바른다.

3 머리 윗부분에서 머리를 조금 잡아 둥근 브러시로 말아주되 헤어드라이기를 사용한다.

4 열이 식으면 머리 윗부분 뿌리 쪽에서 백콤을 해서 세워주고 텍스쳐를 넣는다.

5 옆머리는 부드럽게 뒤로 넘겨주고 헤어스프레이를 뿌려 고정한다.

6 머리 윗부분이 세워진 상태에서 굳을 수 있도록 뿌리 쪽에 집중적으로 스프레이를 뿌린다.

7 손바닥으로 머리를 부드럽게 눌러서 세운 부분이 강조되게 한다.

8 머리 전체에 스프레이를 뿌리고 샤인 스프레이를 다시 뿌려 마무리 한다.

Stylist's note

포니테일을 만들어 볼륨감을 넣기 전에 디퓨저로 충분히 말려야 롤이 잘 보여 더 예쁜 스타일을 만들 수 있다.

Creating a quick party look on mid-length hair 중간 길이 머리 빠르게 파티룩 연출하기

스타일링 도구 없이 직장에서 바로 파티로 가게 될 때 매우 당혹스럽다. 휴대용 헤어드라이와 둥근 빗만 있으면 빠르고 예쁜 연출이 가능한 테크닉이 여기 있다.

Needs

- 브러시
- 스타일링 로션
- 둥근 브러시
- 헤어드라이기
- 노즐
- 집게 핀
- 샤인 스프레이

1 머리를 빗고 엉킨 부분이 없을 때까지 부드럽게 빗는다.

2 스타일링 로션을 뿌리 근처에 손가락으로 발라주되 뿌리부분을 세워주면서 발라 볼륨을 넣는다.

3 둥근 브러시로 머리를 말아 드라이 한다.

4 이 사진에서는 세라믹으로 만들어진 브러시를 사용했다.

5 집게 핀을 사용하여 머리를 말고 나서 고정해 열이 식을 때까지 놔둔다.

6 머리 전체를 이와 같이 말아주고 컬이 만들어 지면 핀으로 고정시키되 앞머리가 있다면 그냥 내린다. 컬이 세팅될 때까지 몇 분 기다린다.

7 핀을 제거하고 손가락으로 머리를 빗어서 컬을 풀어 준다.

8 앞머리에 샤인 스프레이를 뿌려 부드럽게 만든다.

Stylist's note

세라믹 둥근 브러시를 사용하면 헤어드라이기를 사용할 때 열을 잘 유지해줘서 유용하다.

Creating a quick party look on curly hair 퍼머넌트머리 빠르게 파티룩 연출하기

Needs

- 스타일링 크림
- 스무딩 크림
- 보비 핀
- 끝이 오픈된 핀
- 헤어스프레이

노하우만 알면 굉장히 빨리 손질 할 수 있는 머리이다. 액세서리 등과 같이 각자만의 개성을 살려도 좋다. 이 테크닉은 생머리에 컬, 아이론 컬을 넣은 다음 해도 좋다.

1 머리를 완전히 말리고, 생머리라면 컬이나 아이론 컬을 넣는다.

2 스무딩 크림을 머리 전체에 발라서 컬을 충분히 살려주고 나중에 부스스해지지 않도록 한다.

3 머리를 한쪽으로 모두 넘겨 한 손으로 잡아준다. 앞머리도 함께 옆으로 넘겨서 이마가 보이도록 한다.

4 다른 손으로 머리핀을 꽂아 고정하되 십자 모양으로 꽂아 세로로 배열한다.

5 나머지 머리가 핀 위로 자연스럽게 흘러내리도록 한다. 위쪽 머리를 한 번 꼬아서 내려주고 끝이 오픈된 핀을 사용해 꽂아주자.

6 손가락으로 머리끝을 느슨하게 풀어서 볼륨감이 생기도록 하고 필요하다면 스무딩 크림을 더 발라준다.

7 앞쪽에서는 머리를 조금 빼서 좀 더 부드럽게 보이도록 한다.

8 머리 전체에 헤어스프레이를 뿌려준다.

Stylist's note

보비 핀을 십자형으로 꽂아 주면 더 단단하게 고정할 수 있다.

Creating a perfect wave set 완벽하게 웨이브 넣기

Needs

- 롤러
- 헤어브러시
- 세팅 스프레이
- 세럼
- 샤인 스프레이
- 헤어스프레이

열을 사용하는 롤러로 머리를 말면 매우 우아해 보인다. 섹시해 보이면서도 매혹적인 스타일이다. 마무리 할 때 헤어제품을 발라 주면 머리 본래의 윤기를 더 빛나게 한다.

1 롤러 세트에 전기를 꽂는다. 머리를 빗고 엉킨 곳이 없을 때까지 부드럽게 만든다. 그 다음 세팅 스프레이를 뿌려 나중에 웨이브가 잘 만들어 지도록 한다.

2 머리 중간에서 손으로 머리를 조금 잡아 뺀다.

3 롤러로 머리를 감고 핀으로 고정한다.

4 머리 앞부터 뒤까지 전체적으로 롤러로 말고 고정한다.

5 모든 롤러를 머리에 말면 위와 같은 모습이 된다.

6 롤러의 열이 다 식으면 보비 핀을 빼고 롤러도 뺀다.

7 브러시로 머리를 빗어주며 원하는 모양대로 손질한다.

8 세럼을 컬에 뿌려주고 마지막으로 샤인 스프레이와 헤어스프레이를 뿌려 마무리 한다.

Stylist's note

롤러로 먼저 말아주는 위치가 딱히 정해지진 않았지만, 머리 위쪽부터가 적당하다.

Creating sumptuous curls on straight hair 생머리에 컬 넣기

Needs

- 빗
- 열 보호 스프레이
- 고데기
- 핀
- 헤어스프레이

생머리 전체에 컬을 넣어주면 화려한 이브닝드레스와 매우 잘 어울릴 뿐 아니라 성숙미가 돋보이며 매혹적인 느낌을 풍길 수 있다. 원하는 모양대로 핀을 꽂아 마무리해도 좋다.

1 머리가 부드러워질 때까지 빗으로 빗고 열 보호 스프레이를 뿌린다.

2 머리 앞부터 시작한다. 머리를 조금 잡고 고데기로 머리길이의 3분의 1쯤 되는 위치에 놓는다.

3 고데기에 머리를 끝에서부터 말아 올린다.

4 머리 전체를 고데기로 말아서 머리 전체에 컬을 넣는다.

5 손가락으로 컬을 푼다.

6 머리 전체의 컬을 손가락으로 풀면 아름답고 부드러운 느낌을 준다.

7 원하는 모양대로 핀을 꽂는다.

8 헤어레이를 뿌려 저녁 내내 머리가 흐트러지지 않도록 한다.

Stylist's note

손가락으로 컬을 풀어주면 컬이 매우 부드럽고 예뻐 보인다.

Creating sophisticated ponytails for special events 특별한 행사에 어울리는 포니테일 머리

Needs

- 브러시
- 헤어밴드
- 보비 핀
- 헤어스프레이
- 샤인 스프레이

포니테일로 할 수 있는 스타일은 굉장히 많다. 리본이나 액세서리 없이도 상큼한 연출이 가능하다. 어느 각도에서 보나 매력적인 몇 가지 포니테일 스타일을 살펴보자.

1 머리를 빗고 뒤에서 높게 포니테일로 묶는다. 헤어밴드로 머리를 고정하고 머리 몇 가닥을 빼서 고무줄 위를 감싼다.

2 포니테일 머리를 반으로 접어 묶은 부분 아래 놓고 남은 머리로 고무줄로 묶인 부분을 감싸 고정한다.

3 핀은 묶은 부분 안쪽으로 꽂아 보이지 않게 만든다.

4 완성되면 위와 같은 모습이 된다.

5 머리끝은 거꾸로 빗어 주고 헤어스프레이를 뿌려주어도 좋다.

6 포니테일을 머리 뒤쪽 목 근처에 낮게 묶되 중심에서 약간 치우치게 하는 방법도 있다.

7 포니테일 머리를 한 번 말아주고, 남은 머리로 한 바퀴 돌려서 머리가 합쳐진 곳이 보이지 않게 한다.

8 남은 머리는 그 아래로 집어넣을 수도 있고 또는 핀으로 고정해도 좋다. 마지막으로 샤인 스프레이를 뿌려 고정한다.

Stylist's note

헤어밴드로 포니테일로 묶은 부분을 가릴 수 있다. 보비 핀을 사용하여 묶은 부분을 고정할 수도 있다.

Creating a slick offset ballerina bun 발레리나 머리 연출하기

Needs

- 헤어브러시
- 헤어스프레이
- 헤어밴드
- 보비 핀
- 샤인 스프레이
- 액세서리

개성에 따라 올림머리를 할 때 한 쪽으로 치우쳐서 올릴 수도 있고 뒤보다는 앞쪽으로 올릴 수도 있다. 액세서리 또는 꽃과 같은 것으로 장식하면 전통적인 스타일에 현대미를 더할 수 있다.

1 머리에 엉킨 곳이 없도록 빗어준다.

2 머리 전체에 헤어스프레이를 뿌린다.

3 머리를 앞 쪽에 한 쪽으로 치우치게끔 묶어 포니테일 머리를 만들고 고무줄로 묶어준다.

4 머리를 꼬아서 포니테일로 묶은 부분을 기준으로 돌돌 말아준다.

5 다 말고 나면 보비 핀으로 고정한다.

6 머리를 다 올리고 나면 위와 같은 모습이어야 하고 남은 머리는 잘 집어넣어 튀어나오지 않도록 한다.

7 헤어스프레이를 뿌린 다음 샤인 스프레이를 뿌려 고정한다.

8 액세서리를 꽂아 색다른 효과를 연출한다.

Stylist's note

이 스타일은 머리가 충분히 길어서 한쪽으로 치우쳐도 깔끔하게 올릴 수 있어야 한다.

Creating a perfect classic chignon 클래식한 올림머리

매우 세련되고 화려하게 보이는 이 올림머리는, 클래식한 분위기를 풍기길 원하는 사람에게 최고다.

Needs

- 헤어브러시
- 빗
- 헤어스프레이
- 보비 핀
- 끝이 오픈된 핀
- 얇게 굽은 핀

1 머리에 엉킨 곳이 없도록 잘 빗는다.

2 머리 앞쪽에서 머리를 조금 잡고 빗으로 거꾸로 빗어주되 뿌리까지는 하지 말고 중간까지만 한다.

3 거꾸로 빗은 부분에 헤어스프레이를 뿌려 볼륨감이 유지되게 한다. 위의 머리는 부드럽게 뒤로 넘기고 브러시로 위에 층진 부분을 부드럽게 빗는다.

4 머리를 수평으로 해서 모두 한쪽으로 넘기고 보비 핀을 십자형으로 위의 사진처럼 꽂는다.

5 귀 뒤부터 머리를 하나로 모아 잡고 꼬아서 위로 올린다. 끝이 오픈된 핀을 사용해 가장자리를 따라 꽂는다.

6 앞쪽에 남아있는 머리를 잡고 느슨하게 꼬아 주며 위로 올려 앞서 먼저 고정시킨 부분과 합친다.

7 세 번째 머리를 올려 줄 때는 얇은 굴곡진 핀을 사용하면 훨씬 쉽게 안보이게 할 수 있다.

8 끝에 머리가 남아 있다면 안으로 잘 집어넣어서 올림머리 안에 컬이 보일 수 있도록 한다. (머리끝부분은 빗으로 잘 빗어 밖으로 살짝 빼준다) 마지막으로 헤어스프레이를 뿌려 고정한다.

Stylist's note

가는 빗 보다는 브러시를 사용하는 것이 볼륨을 넣을 때도 좋고 더 예쁘게 머리를 올릴 수 있다.

Creating a pin-up on mid-length hair 중간 길이 머리를 핀으로 연출하기

Needs

- 집게 핀
- 헤어밴드
- 고데기
- 보비 핀
- 빗
- 헤어스프레이

핀으로 머리를 올려주고 앞머리는 강하게 내려 주면 이 둘의 모습이 서로 대조되면서 편안해 보이면서도 부드러워 보인다. 머리 뒤쪽에는 원하는 만큼 텍스쳐를 넣을 수 있다.

1 귀와 귀 사이에 가르마를 타고 클립으로 고정시킨다. 그 다음 머리 중간에 가르마를 타면 양쪽에 각 세 부분으로 머리가 나눠진다.

2 뒤 쪽 두 번째 부분의 머리는 포니테일로 묶어 고무줄로 고정한다. 그 다음 고데기를 사용하여 이 포니테일 머리를 세 갈래로 나누어 말아준다.

3 맨 아랫머리를 서로 반대 방향으로 들어 준 뒤 포니테일을 감싸게 해서 핀으로 고정한다. 다른 쪽도 똑같이 해주고 완성되면 위 사진과 같은 모습이 된다.

4 위쪽 부분의 머리를 가로질러 붙어 주되 포니테일로 묶은 부분 아래로 집어넣는다.

5 그 다음 포니테일로 묶은 부분을 중심으로 다시 위로 돌려 말아주고 남은 끝은 포니테일을 묶은 고무줄 안으로 집어넣는다.

6 포니테일 머리를 백콤해주어 볼륨과 텍스쳐를 넣는다.

7 포니테일 머리를 약간씩 펼쳐서 중간에 빈 곳이 안보일 수 있도록 한다.

8 페어스프레이를 뿌려 마무리 한다.

Stylist's note

검은색, 갈색, 금발 색 등 헤어컬러에 맞춰 보비 핀의 색깔도 맞춰야 잘 안보이게 할 수 있다.

Creating a twist back-do on mid-length hair 중간 길이 머리를 꼬아서 뒤로 묶기

Needs

- 헤어브러시
- 고무줄
- 보비 핀

다양한 올림머리가 긴 머리에 아주 잘 어울렸다면, 살짝 올려 묶은 스타일은 중간 길이 머리에 아주 잘 어울리며 앞머리가 있다면 앞머리를 내려도 좋은 스타일이다.

1 머리를 빗어 엉킨 곳이 없도록 한 다음 머리를 뒤 쪽 중간쯤에 하나로 모은다.

2 헤어밴드로 머리를 묶는다.

3 묶고 남은 머리를 꼬아서 묶은 부분을 중심으로 한 번 말아 준다.

4 포니테일로 묶은 부분 위쪽에 핀을 꽂아 고정하고 아래로 흘러내린 머리는 스타일의 일부이니 걱정하지 말고 자연스럽게 내린다.

Stylist's note

머리를 하루 동안 감지 못했다면 머리를 하나로 올려 묶어 주면 아주 좋다. 보비 핀이나 핀으로 스타일을 고정시켜 주다.

Creating a twist up-do on longer hair 긴 머리 꼬아서 올려주기

Needs

- 브러시
- 끝이 오픈된 핀
- 헤어스프레이

정장을 차려 입을 때와는 반대로, 편한 옷차림새와 어울리는 올림머리도 매우 매력적이다. 매우 간편하게 할 수 있는 스타일이며 층진 머리나 머리숱이 없을 때, 머리가 부스스 할 때 하면 잘 어울린다.

1 머리를 깔끔하게 빗어주고 엉킨 곳이 없도록 빗어주되 지나치게 부드럽게 할 필요는 없다. 앞에 머리는 조금 남겨 둔 채 머리를 뒤쪽에 하나로 잡는다.

2 잡은 머리를 느슨하게 꼬아서 위로 올린다.

3 꼬아놓은 머리에 끝이 오픈된 핀을 꽂는다.

4 남은 머리도 핀으로 고정시켜주되 부드러워 보이게 몇 가닥은 그대로 놔둔다. 마지막으로 헤어스프레이를 뿌려 마무리 한다.

Stylist's note

핀으로 고정시키고 나면 얼굴이 부드러워 보일 수 있도록 머리 몇 가닥씩을 빼서 자연스럽게 흘러내리도록 한다.

Creating a mussed-up back-do on mid-length hair 중간 길이 머리를 헝클어진 느낌으로 뒤로 묶기

Needs

- 스타일링 스프레이
- 고데기
- 롤러 4개
- 빗
- 보비 핀
- 헤어드라이기
- 둥근 빗

앞머리는 동그랗게 말아 캐주얼한 느낌을 주고 뒷머리는 헝클어진 듯 묶어 헤어컬러를 부각해보자. 매우 개성 있어 보이고 지적으로 보이는 동시에 지나치게 신경 쓴 티가 나지 않는다.

1 롤러 세트에 전기를 꽂아 열을 가한다. 머리에 스타일링 스프레이를 뿌리고 고데기로 뒷머리를 말아 준다. 위의 머리는 롤러로 말아 준다.

2 롤러가 식으면 다 빼고 위쪽에 헤어스프레이를 뿌리되 뿌리 쪽에 뿌려 잘 세운다.

3 롤러로 말아 놓았던 머리에 백콤을 해주어 높이를 더한다. 그런 뒤 머리 위쪽에서 느슨하게 뒤로 넘긴다.

4 뒤쪽 중간쯤에 뒤로 넘긴 머리를 한쪽으로 모아 핀으로 고정한다. 나머지 아랫머리도 들어서 한쪽 방향으로 넘기면 핀으로 고정한다.

5 여기까지 완성한 모습은 위의 사진과 같다. 한 쪽에만 머리가 풀어진 모습인데 헤어스프레이를 뿌려 고정한다.

6 다시 머리 위쪽으로 와서 끝을 백콤해주어 텍스쳐를 넣어준 뒤 뒤에서 핀으로 고정하되 가능하면 핀이 보이지 않도록 한다.

7 원하는 만큼 백콤을 해주어 텍스쳐를 넣어 준다.

8 앞머리는 둥근 브러시로 말아서 뒤의 텍스쳐와 대조되는 느낌이 나도록 한다.

Stylist's note

머리를 손질 할 때 위, 중간, 아래쪽의 순으로 하면 훨씬 손질하기가 쉽다. 뒤쪽 부분의 머리는 서로 반대로 넘겨 주어 위의 머리와 합쳐 주자.

Creating a glamorous back-do 뒤로 묶어 우아한 느낌 연출하기

Needs

- 브러시
- 스타일링 스프레이
- 고무줄
- 끝이 오픈된 핀
- 헤어스프레이
- 고데기

머리를 올리는 것보다 내리고 싶지만 여전히 눈에 띄는 스타일을 하고 싶을 때 이 스타일이 제격이다. 얼굴을 훤히 드러내 주면서도 목선으로 내려오는 머리 때문에 부드러움을 더해준다.

1 머리를 빗고 스타일링 스프레이를 뿌린다.

2 후두골 쪽에서부터 머리를 뒤쪽 한가운데로 모아 잡아준다 (목 부분 쪽보다 앞머리 쪽의 숱이 더 많게 잡아준다).

3 고무줄로 머리를 묶어 작은 포니테일로 만든다.

4 앞에 남은 머리 중 옆머리를 뒤로 넘겨 포니테일 부분을 가리고 끝이 오픈된 핀을 꽂는다.

5 다른 쪽 머리도 동일하게 해주고 끝이 오픈된 핀으로 고정한다.

6 여기까지 완성한 모습은 위의 사진과 같다.

7 헤어스프레이를 뿌려 고정한다.

8 앞에 남은 짧은 머리는 고데기로 말아서 각자가 원하는 대로 개성을 살려준다.

Stylist's note

매우 간편한 방법의 이 스타일은 퍼머넌트머리나 생머리, 중간 길이 머리, 긴 머리 모두 잘 어울린다.

Creating a back-do with extra height 뒤로 묶은 머리에 높이 더해주기

Needs

- 납작한 브러시
- 헤어스프레이
- 집게 핀
- 핀 또는 고무줄
- 빗
- 보비 핀

정말로 우아한 헤어스타일은 꼭 복잡할 필요가 없다. 이 스타일은 몇 개의 핀과 브러시를 사용하여 연출할 수 있는 간편한 방법이며 앞모습, 옆모습, 뒷모습까지 모두 다 매력적으로 보인다.

1 머리에 엉킨 곳이 없도록 브러시로 깔끔하게 잘 빗어준다.

2 볼륨을 넣었을 때 잘 고정될 수 있도록 헤어스프레이를 뿌린다.

3 정수리 부분을 기점으로 머리를 두 갈래로 나눠주고 아랫머리는 핀이나 고무줄로 묶어 임시로 고정한다.

4 이제 위의 머리를 손질하는데, 뿌리부터 중간까지 거꾸로 빗어서 볼륨을 넣는다.

5 납작한 브러시로 나머지 부분은 부드럽게 빗어서 뒤로 넘긴다.

6 아래 묶어 놓았던 머리는 풀어서 빗는다. 그 다음 양쪽 사이드에 핀을 꽂아 머리를 최대한 누른다.

7 여기까지 완성한 모습은 위에는 볼륨이 살아 있고 양 사이드는 머리에 딱 붙은 모습이어야 한다.

8 헤어스프레이와 샤인 스프레이를 뿌려 마무리한다.

Stylist's note

우아한 느낌을 내고 싶다면 머리의 옆모습을 자꾸 보면서 위의 볼륨이 충분히 들어갔는지 확인하도록 하자.

Creating an elegant top roll up-do 우아한 롤 업스타일

Needs

- 브러시
- 집게 핀
- 고무줄
- 긴 보비 핀
- 헤어스프레이

올림머리를 할 때 높이를 더해주면 더 커 보이는 효과를 낼 수 있고 똑바로 서 있을 수 있도록 도와준다. 이 스타일은 균형감과 엘레강스함이 돋보이는 스타일이다.

1 머리에 엉킨 곳이 없도록 부드럽게 빗는다.

2 머리 위쪽을 따로 잡아 말아서 핀으로 임시 고정해 놓는다.

3 남은 머리는 뒤에서 포니테일로 단단하게 묶고 머리를 조금 빼서 묶은 부분을 중심으로 돌려 고정한다.

4 여기까지 완성한 모습은 위의 사진과 같다.

5 위에 고정한 핀을 뺀 뒤 빗는다. 그 다음 손가락으로 머리를 말아주되 높여 주면서 위로 말아 준다.

6 롤로 만든 앞머리는 머리 앞쪽에 위치해야 하고 남은 끝은 롤 속으로 안보이게 집어넣는다.

7 롤 머리를 긴 보비 핀으로 고정하되 롤 속으로 집어넣어 안보이도록 한다.

8 롤의 뒷모습은 위와 같다. 마지막으로 헤어 스프레이와 샤인 스프레이를 뿌려 마무리 한다.

Stylist's note

머리를 핀이나 스프레이로 고정시키면 다른 쪽을 스타일링 하는 동안 머리가 서로 섞이지 않는다.

Creating an up-do with a front roll detail 롤 앞머리와 올림머리

매우 엘레강스해 보이며 파티가 있는 날 이목을 끌 수 있는 스타일이다. 손질하는데 시간이 조금 걸리긴 하지만 부티가 나고 화려한 헤어스타일을 선보일 수 있다.

Needs

- 스타일링 로션
- 헤어밴드
- 롤러
- 빗
- 보비 핀
- 헤어스프레이

1 스타일링 로션을 머리에 바르고 말린다. 양쪽 귀를 중심으로 머리에 가르마를 나누어준다. 뒤쪽에 남은 머리는 포니테일 머리로 묶어 고정해 놓는다.

2 앞머리는 열을 가한 롤러로 말아준다.

3 그 다음 바로 뒤쪽에도 롤러로 말아주고 옆에 따로 빼둔 머리도 롤러로 말아준다. (앞쪽 머리를 손질할 때 4개 이상의 롤러를 사용하지 않도록 하자.)

4 포니테일로 묶은 머리도 여러 갈래로 나누어 롤러로 말아준다.

5 머리 전체를 롤로 다 말아주고 열이 완전히 식을 때까지 놔둔다.

6 빗으로 앞머리 뿌리부터 중간정도까지 백콤해주고 끝 부분은 부드럽게 빗는다.

7 앞머리를 하나로 모아 세워주며 뒤로 넘겨 주고 핀으로 고정한다.

8 포니테일 머리에서 한 갈래씩 롤러로 말아 준 머리를 동그랗게 말아 머리에 고정한다. 끝으로 헤어스프레이를 뿌려 고정한다.

Stylist's note

이 스타일은 손질하기 매우 어려우므로 큰 행사가 있기 전에 충분히 연습해 두자.

Creating a chic, tonged tumbling up-do 컬을 넣은 올림머리

이 환상적인 올림머리는 앞에 부드럽게 세운 머리와 뒤에 흘러내리는 컬이 조화를 이루어 매우 아름다운 모습을 자아낸다. 이브닝드레스와 잘 어울리며 레드카펫에서도 잘 어울리는 스타일이다.

Needs

- 집게 핀
- 헤어밴드
- 고데기
- 헤어스프레이
- 브러시
- 핀
- 유핀(U핀)

1 머리를 앞, 양 옆, 뒤로 갈라놓고 뒷머리의 반 정도는 포니테일로 묶어 고정한다.

2 앞머리는 얼굴 한쪽으로 쓸어 넘기고 나머지 뒤에 풀어놓은 머리는 고데기로 말아서 컬을 넣는다.

3 헤어스프레이를 뿌려 머리에 볼륨을 넣는다. 앞에 내려놓은 머리는 귀 뒤로 넘기고 윗머리는 위로 들어준 상태에서 브러시로 뿌리부분을 거꾸로 빗는다.

4 거꾸로 빗은 머리 위는 부드럽게 다시 빗어 뒤로 넘긴다.

5 뒤로 넘긴 머리를 아까 미리 묶어 놓은 포니테일을 감싸서 고무줄과 핀을 가린다.

6 나머지 남은 머리는 한 손으로 헐렁하게 꼬아준다.

7 꼬아준 머리는 포니테일 머리 위로 돌돌 말아 큰 번 모양이 되도록 한 뒤 핀으로 고정한다.

8 나머지 머리는 모두 귀 뒤로 넘겨 놓고 앞머리도 포함해 핀으로 올려 고정하고 말아 놓은 머리 주변에 유핀(U핀)으로 고정해서 모양을 잘 잡아 준다. 마지막으로 헤어스프레이를 뿌려 고정한다.

Stylist's note

뒷머리를 너무 단정하게 하려고 애쓸 필요 없다. 컬만 잘 넣었다면 핀으로 올려 고정해도 충분히 예쁘다.

Creating an up-do on curly hair 퍼머넌트머리 올리기

Needs

- 수분 크림 또는 디파이닝 페이스트 (defining paste)
- 보비 핀
- 헤어스프레이
- 액세서리

머리숱이 많은 퍼머넌트머리는 올림머리를 했을 때 이미 충분히 텍스쳐가 살아 있어 환상적인 스타일링을 선보일 수 있기에 이미 훌륭한 자산을 가지고 있는 셈이다. 이 컬은 부드러움과 사랑스러움을 자아낸다.

1 머리를 빗지 말고 자연스럽게 털어주며 부드럽게 말린다.

2 수분 크림 또는 디파이닝 페이스트 (defining paste)를 손바닥에 조금 덜어 발라주되 손가락으로 컬을 잘 잡아서 모양이 살아나도록 한다.

3 보비 핀으로 양 옆머리에 볼륨을 넣어서 고정한다.

4 여기까지 완성된 스타일도 너무 차려입지 않아도 되는 자리라면 충분히 예쁜 스타일이다.

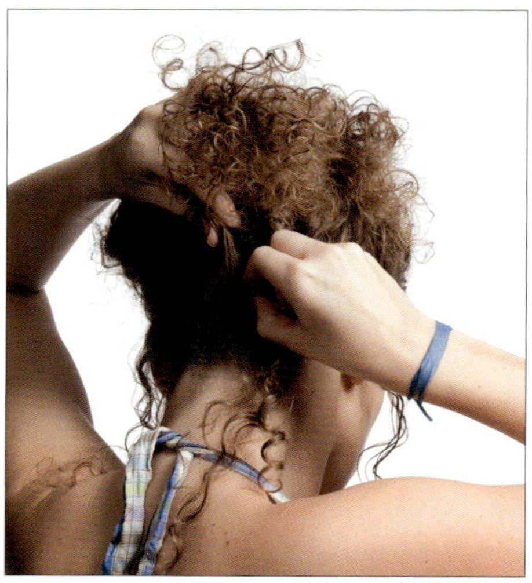

5 또는 뒤에 남은 머리를 모두 올려 핀으로 고정시킬 수도 있다.

6 머리 몇 가닥은 빼서 자연스럽게 흘러내리게 해서 부드러운 느낌을 더하자.

7 헤어스프레이를 전체적으로 머리에 뿌린다.

8 원한다면 액세서리를 사용해 장식해도 좋다.

Stylist's note

크림이나 페이스트를 골고루 발라주면 컬이 더 풍성해진다.

Creating an up-do on crimped hair 아이론 컬을 넣어 올림머리 연출하기

Needs

- 집게 핀
- 보비 핀
- 끝이 넓은 핀
- 브러시 또는 빗
- 헤어스프레이

머리에 아이론 컬을 넣음으로 재미있는 텍스쳐를 연출할 수 있다. 또한 머리를 올리기 전에 아이론 컬을 넣어 주게 되면 볼륨도 더 풍성해지고 머리 모양도 더 오래 지속될 수 있다.

1 아이론 컬을 넣은 다음, 양 귀 뒤로 가르마를 탄다. 뒷머리 후두골 아래쪽에 보비 핀을 십자형으로 꽂는다.

2 핀으로 고정하고 남은 머리를 하나로 모아 안으로 말아주고 끝이 오픈된 핀으로 고정한다.

3 양 옆의 머리를 들고 뿌리부분에 백콤을 한다.

4 백콤한 머리를 원통 모양이 되도록 말아준다.

5 귀 뒤로 말아 준 머리를 고정하고 남은 머리는 먼저 말아 놓았던 뒷머리 속으로 넣는다.

6 같은 방식으로 반대쪽도 한다.

7 완성된 뒷모습은 위의 사진과 같다.

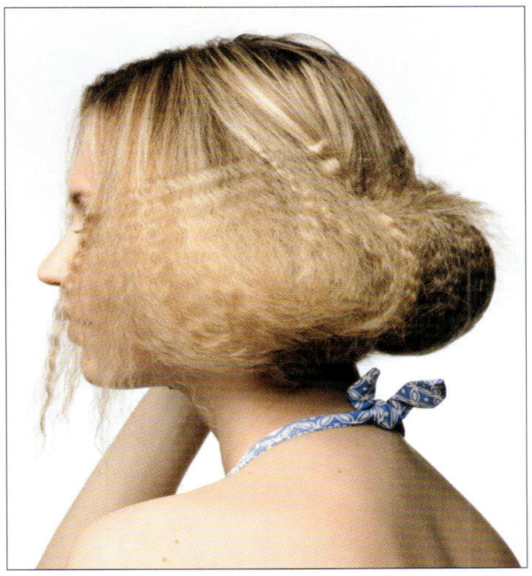

8 헤어스프레이를 뿌려 고정한다. 머리카락이 조금씩 빠져 나오는 것에 너무 신경 쓰지 않도록 한다. 더 부드러워 보이게 하는 효과가 있다.

Stylist's note

이 스타일은 예쁘긴 하지만 어려워서 친구의 도움이 필요하다. 또는 많은 거울을 사용하여 스타일링 하면서 끊임없이 체크하면서 손질한다.

Creating a loose wedding style 길게 늘어 뜨려 연출한 웨딩스타일

Needs

- 열 보호 스프레이
- 고데기 또는 롤러
- 스프레이
- 왕관
- 샤인 스프레이

왕관이나 특별한 헤어 액세서리를 착용하고 싶다면, 머리는 길게 늘어뜨려 보자. 사진에 잘 나오도록 머리 앞쪽에 쓰도록 하자.

1 열 보호 스프레이를 뿌리고 고데기로 컬을 넣거나 큰 롤러를 사용하여 웨이브를 넣는다.

2 필요하다면 헤어스프레이를 뿌려 고정하고 왕관은 귀 바로 뒤에 오도록 쓴다.

Stylist's note

헤어 액세서리를 사기 전에 썼을 때 편한지 늘 확인하도록 한다. 가능하다면 살짝 구부려 보아 자신의 머리에 잘 어울리는지 체크한다.

3 왕관이 머리를 흐트러뜨리지 않도록 조심하고 왕관 주위에 머리는 자연스럽게 흘러내리도록 손질 한다. 또한 왕관을 머리띠처럼 사용하지 않는다.

4 샤인 스프레이를 뿌려 마무리 한다.

Creating a stylish wedding back-do 뒤로 올린 웨딩머리

Needs

- 큰 롤러 또는 고데기
- 브러시
- 보비 핀
- 헤어스프레이
- 베일

베일을 사용하여 너무 전통적으로 보이지 않으면서도 우아한 스타일을 하고 싶다면 머리를 옆으로 묶어주는 스타일이 좋다. 핀이 장착된 베일을 사용하면 베일을 벗었을 때 어느 각도에서도 동일하게 예뻐 보인다.

1 큰 롤러를 사용해 머리에 컬을 넣고 브러시로 살살 빗어 준 뒤 옆으로 묶는다. 그 다음 머리를 꼬아서 보비 핀으로 고정한다.

2 여기까지 완성된 머리는 위의 사진과 같다. 헤어스프레이를 뿌려 머리를 차분하게 해준다.

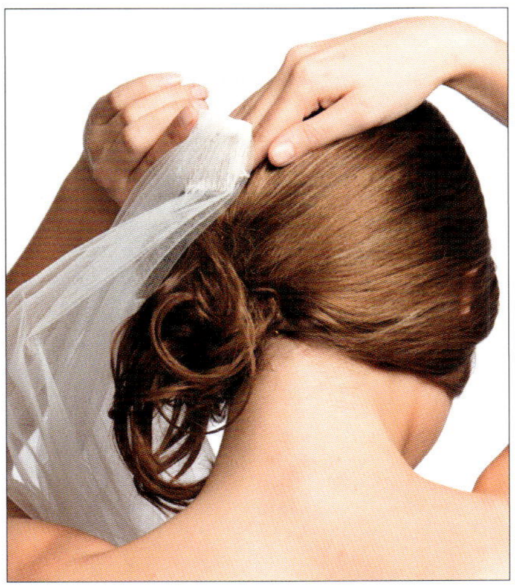

3 머리를 묶은 부분에 베일을 놓아 컬이 망가지지 않도록 한다.

4 베일의 위치를 제대로 잡으면 위의 사진과 같은 머리 모양이 된다.

Stylist's note

원한다면 베일을 벗었을 때, 다른 액세서리를 착용해도 좋다.

Creating a contemporary wedding back-do 현대적인 미가 느껴지는 웨딩머리

Needs
▪ 브러시
▪ 보비 핀
▪ 꽃 장식 및 헤어 액세서리
▪ 끝이 오픈된 핀
▪ 헤어스프레이

개성적으로 연출하고 싶다면 큰 꽃 장식이나 액세서리와 함께 머리를 비대칭적으로 연출해 보자. 클래식한 테크닉에 멋스러움을 더하면서 결혼식이 조금은 더 특별해 질 것이다.

1 컬을 넣은 머리는 잘 빗어주어 엉킨 곳이 없도록 한다. 브러시를 사용해 한 손으로 머리를 잡으며 부드럽게 옆으로 쓸어 넘긴다.

2 보비 핀을 사진에서 보는 것처럼 한 줄로 꽂아 고정한다. (보비 핀의 색깔은 헤어컬러와 맞아야 한다. 위 사진에서 검은 색을 사용한 이유는 핀의 위치를 보여주기 위함이다)

3 큰 꽃 장식 또는 헤어 액세서리를 끝이 오픈된 핀을 사용해 원래 고정한 자리에 같이 꽂아준다.

4 헤어스프레이를 전체적으로 뿌려서 마무리 한다.

Stylist's note

머리 앞을 조금 더 세워주고 싶다면 머리를 부드럽게 빗어 주기 전에 백콤을 해준다.

Creating a classic wedding back-do 클래식한 웨딩 머리

Needs

- 고데기
- 헤어 액세서리
- 보비 핀
- 헤어스프레이
- 샤인 스프레이

이 스타일은 그다지 많은 노력을 기울이지 않아 보이지만 충분히 신선해 보이면서도 클래식한 느낌을 준다. 이 스타일을 연출할 때에는 웨딩드레스와 헤어 액세서리가 어울리도록 발랄한 모양을 유지해야 한다.

1 고데기로 머리에 웨이브를 넣는다. 이 스타일은 손이 많이 가지 않아 자연스러우면서도 사랑스러워 보인다.

2 헤어 액세서리를 머리 중간 바로 아래쯤에 착용한다. 거울로 위치가 잘 잡혔는지 고정이 잘 됐는지 확인한다.

Stylist's note

헤어 액세서리가 잘 고정될 수 있도록 빗이 달려 있는지 확인하자.

3 밑에 머리를 들어 올린 다음 핀으로 고정하되 헤어 액세서리 아래에 고정한다.

4 헤어스프레이와 샤인 스프레이를 뿌려 고정한다.

Creating a romantic wedding pin-up 로맨틱한 웨딩 머리

Needs

- 열 보호 스프레이
- 고데기 또는 롤러
- 보비 핀
- 헤어스프레이
- 헤어 액세서리

풍부한 컬로 로맨틱한 느낌을 주고 싶다면 지나치게 복잡하지 않으면서도 아름다운 이 스타일을 연출하자. 꽃은 원하는 위치에 고정한다. 특히 장미가 컬의 부드러움에 잘 어울린다.

1 열 보호 스프레이를 뿌리고 고데기 또는 큰 롤러로 머리에 웨이브를 넣는다.

2 뒷머리와 옆머리에 랜덤으로 머리를 잡아 올린 다음 고정한다. 몇 가닥은 얼굴 쪽으로 자연스럽게 흘러내릴 수 있도록 놔둔다.

3 목 쪽에 내려오는 머리는 모두 올려서 앞에 자연스럽게 흘러내리는 머리와 대조되도록 한다.

4 헤어스프레이로 머리에 뿌린 후 원한다면 드레스와 로맨틱한 분위기를 살려 주는 꽃 장식을 달아 준다.

Stylist's note

머리를 다 올려줌으로써 깔끔하고 강한 목선을 보여 줄 수 있다.

Creating a chic wedding up-do 세련미가 풍기는 웨딩 머리

Needs

- 헤어스프레이
- 샤인 스프레이
- 빗 달린 베일

우아하면서도 화려해 보이도록 머리를 매끈하게 올리고 싶다면 이 클래식한 올림머리를 해보도록 하자. 간단하고 모양도 심플해서 베일이 사랑스럽게 흘러내릴 수 있도록 도와주면서 베일을 벗었을 때도 여전히 예쁜 모양을 유지한다.

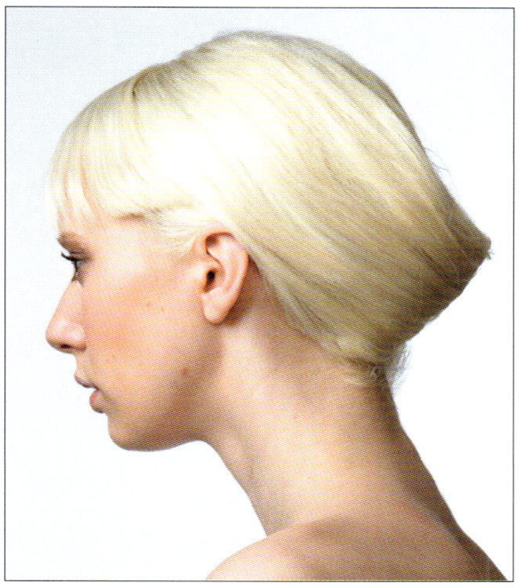

1 머리를 깔끔하게 올려준다.(208-9참고) 그런 다음 헤어스프레이와 샤인 스프레이를 뿌린다.

2 머리 위쪽에 베일을 놓고 베일에 붙어 있는 빗을 올림머리 위쪽으로 꽂는다.

3 이 사진은 올림머리 위의 모양을 보인 모습이다.

4 베일에 달린 빗을 머리에 잘 고정하고 올림머리 위로 베일이 자연스럽게 떨어지도록 손질한다. 위의 사진은 완성했을 때의 옆모습이다.

Stylist's note

뒤의 쪽 머리는 베일을 고정시킬 부분으로서 계속 옆을 보며 어느 위치가 가장 적당할지 생각하며 스타일링 해야 한다.

Wearing a hat 모자 쓰기

여성들이 모자 쓰는 것이 유행이었던 때는 꽤 오래 전이나 여전히 모자는 정장을 차려 입을 때나 스타일리시하게 입을 때나 혹은 개성을 살리고 싶을 때 함께 사용되는 아주 좋은 소품이다. 문제는 어떤 모자 모양이 본인에게 잘 어울리는지, 또한 어떻게 쓸 것인가이다.

겨울에 따뜻함을 위해서 울 모자를 쓰는 것 말고도 많은 사람들이 특별한 행사 때 모자를 써서 특별하게 보이고자 한다. 옷, 행사, 머리 스타일에 어울리는 모자를 찾는 일이 조금은 어렵긴 하지만 미리 몇 가지 사실만 알고 있으면 훨씬 수월해진다.

• 모자를 오래 쓰고 있을 것인가, 모자를 벗었을 때 헤어스타일이 괜찮으며 눌리지 않을까?
• 모자가 실용적이어야 하는가? 그늘을 만들어 준다든지 날씨로부터 보호해 준다든지 아니면 단순히 액세서리용인가?
• 옷을 먼저 고른 다음 모자를 고른다. 옷에 자신이 있다면 모자도 마찬가지다.
• 모자가 패션을 완성시켜주기 위함인가 아니면 포인트를 주고 싶어서인가? 핵심은 옷과 어울리지 않는 모자를 고르면 안 된다는 점이다. 잘 어울리면 승자요, 그렇지 않으면 패자다.

비율과 균형

모자의 미는 비율과 균형, 사이즈와 모양을 적절하게 고르는데 있다. 그냥 봤을 때 예쁜 모자라고 했을 때 썼을 때도 예쁘단 법은 없다. 모자가 잘 맞느냐 그렇지 않느냐의 문제가 아니다.

예를 들어 큰 모자는 작은 얼굴과 아담한 몸에 치명적이다. 심지어 큰 원광(halo)을 달고 있는 것처럼 보일 지도 모른다. 작은 모자도 헤어스타일에 어울리지 않을 수도 있고 심지어 결점을 부각시켜 줄지도 모른다. 동일하게 어울리는 모자도 안 예뻐 보일 수도 있다. 너무 뒤로 쓰거나 한 쪽으로 기울어졌을 경우 전체적인 효과를 망가뜨린다. 여기 모자 크기와 모양에 관한 가이드라인이 있다. 어떤 모자가 잘 어울릴지 상세하게 살펴보도록 하자.

• 큰 모자는 작은 얼굴에 치명적이다. 옷도 큼직한 옷을 입었다면 매우 코믹하게 보인다. 대신에 테두리가 없는 작은 모자를 써서 얼굴을 드러내도록 하자.
• 테두리가 없는 모자는 둥근 얼굴을 부각시킬 수 있고 작은 모자는 얼굴을 더 커 보이게 한다. 다이나믹한 모양 또는 비대칭 라인이 들어간 모자를 쓰도록 하자.
• 길이가 높은 모자는 긴 얼굴이 더 부각된다. 외모와 잘 어울리는 넓은 모자를 골라 쓰도록 하자.

▲ 넓은 모자는 긴 얼굴형과 어울린다. 머리를 풀고 모자를 이마까지 내려 쓴다면 얼굴이 작아 보일 수 있다.

▲ 둥근 얼굴형에는 높이가 있는 모자가 어울린다. 모자를 비스듬히 쓰게 되면 라인이 다양해져서 더 예뻐 보인다.

▲ 모자를 한쪽에만 쓰거나 얼굴 가까이에 쓰는 것은 얼굴형이 사각일 때 균형을 맞춰서 결점을 커버해준다.

• 하트 모양 얼굴에 넓게 챙이 있는 모자를 쓰게 되면 광대뼈를 가리는 효과가 있다. 반면에 챙이 비대칭이거나 한쪽으로 쏠려 있을 경우 눈이 부각된다.

• 얼굴이 작다면 모자를 쓰기보다 큰 헤어 액세서리를 착용하는 방법도 좋다. 이는 결혼식부터 피로연까지 계속 머리모양을 유지할 수 있다.

모자 쓰는 방법

모자는 원래 머리윤곽에 맞춰 각도에 따라 쓴다. 이는 머리 모양과 관련이 있다. 모자를 썼을 때 얼굴과 자연스럽게 매치가 되어야지 뭔가 붙어 있는 것 같은 느낌을 주어서는 안된다.

얼굴형을 먼저 생각해 보고 얼굴을 아래 그림과 같이 4등분 해보자. 먼저 얼굴형을 파악하자.(p.36~7)

Tip

깃털이나 장신구를 이용할 때 얼굴형과 비슷한 모양을 고르자. 그러면 훨씬 우아해 보인다.

▲ 작은 얼굴에 큰 모자를 쓰면 전혀 예쁘지 않으므로 더 작은 모자를 고르거나 한쪽에만 쓰도록 한다. 베일이나 장신구 등으로 균형과 모양을 맞출 수 있다.

How to make and wear a headpiece

만약 원하는 모자를 찾을 수 없다면 헤어 액세서리를 착용해 봐도 좋다. 실내나 실외에서 계속 착용하고 있기에 아주 좋다. 이 방법을 꽃과 같이 다른 다양한 장신구를 착용할 때 적용해도 좋다.

1 머리를 포니테일로 묶고 부드럽게 빗어 준 뒤 필요하다면 젤을 발라준다. 그런 다음 헤어스프레이를 뿌려 머리를 차분하게 한다.

2 큰 인조 꽃 장식을 고르고 머리형에 맞춰 철사를 반원 모양으로 구부린다. 이 방법이 나중에 머리를 고정했을 때 훨씬 편하다.

3 보비 핀을 철사 주변에 꽂고 머리에 고정한다. 핀은 헤어컬러와 어울리게 골라 눈에 잘 띄지 않을 수 있도록 한다.

4 얼굴형과 옷에 가장 잘 어울리는 곳에 고정한다. 핀은 십자형으로 단단하게 고정하고 꽃잎을 잘 정돈해 핀을 가린다. 마지막으로 스프레이를 뿌려 마무리 한다.

Formal hats

정장모자

모자나 머리 장식을 쓰면, 복잡한 헤어스타일을 하거나 머리를 올릴 필요가 없다.

1 동그랗고 비대칭 모양의 이 모자는 포니테일 머리에 썼을 때 가장 잘 어울린다. 핵심은 머리를 깔끔하게 올리고 얼굴과 어깨, 목선이 훤히 드러나 보이는 옷 스타일에 가장 잘 어울린다.

2 큰 챙이 있는 모자는 부드럽게 흘러내리는 머리와 가장 잘 어울린다. 이 모자 또한 심플한 라인의 드레스와 잘 어울린다. 모자를 똑바로 써서 챙이 이마를 조금 가리도록 쓰는 것이 포인트이다.

3 장신구가 더 많은 모자를 쓸수록 머리 스타일은 최대한 깔끔해야 한다. 모자의 액세서리 포인트를 깨는 요소가 아무것도 없어야 한다. 높은 모자는 얼굴이 긴 편이면 가장 피해야 할 모자이다. 부드러운 크림색의 모자가 짙은 머리색과 대조를 이루며 아름다움을 자아낸다.

4 헤어 액세서리는 모자보다 훨씬 더 눈에 띌 수 있다. 이 액세서리는 머리 한쪽에만 완벽하게 비대칭을 이루며 한쪽 어깨에만 라인이 들어간 드레스와 잘 어울린다(액세서리가 반대 방향에 놓였다면 또 다른 모습일지도 모른다).

5 부드러운 깃털이 달린 모자는 부드럽게 넣은 컬 스타일과 심플한 드레스에 가장 잘 어울린다. 이마까지 모자를 내려서 높아 보이게 해서 둥글고 사각형인 얼굴을 더 길게 보이게 하는 효과를 준다.

6 심플하고 부드러운 헤어스타일에는 심플한 드레스와 리본 액세서리가 가장 잘 어울린다. 장신구가 달린 액세서리는 머리 한쪽에 착용해야 개성 있어 보이고 지나치게 꾸민 느낌이 들지 않는다.

1

2

3

4

5

6

Informal hats 일반 모자

모자는 평상복 차림에도 매우 유용한데 추위를 막아주거나 그늘을 만들어 주기도 하고 또는 단순한 패션 소품으로도 사용할 수 있다. 모자에는 많은 종류가 있으나 비율과 균형을 기반으로 골라야 한다는 점은 정장 모자를 고를 때와 똑같다.

1 캡이 솟은 모자는 예뻐 보일뿐만 아니라 머리를 따뜻하게 해준다거나 눈을 햇빛으로부터 가려주는 등 여러 기능도 가지고 있다. 단 너무 남성스럽게 보이지 않도록 머리를 풀어주자.

2 울 모자는 스키 타러 갈 때 완벽한 모자인데 눈에 반사되는 햇빛으로부터 보호해 줄 뿐 아니라 추위도 막아준다.

3 넓은 챙 모자는 사이즈가 매우 다양한데 큰 것부터 펄럭이는 스타일, 작은 사이즈까지 여러 타입을 시도해 보자. 특히 챙이 피부와 눈을 보호해 줄 수 있는지가 중요하다.

4 털모자는 머리 뒤에 썼을 때 가장 어울린다.

1

2

3

4

Choosing accessories 액세서리 고르기

헤어 액세서리를 고를 때는 심플한 헤어스타일을 강조해 줄 수 있거나 분위기를 완전히 바꿔주는 것을 고르도록 한다. 머리를 넘겨 머리띠를 착용하거나 집게 핀을 머리 한쪽에 꽂으면 스타일에 변화를 주면서도 단정해 보인다.

오늘날 구슬, 쥬얼리, 깃털, 리본, 헤어밴드, 보비 핀, 머리핀과 같이 헤어 액세서리가 많다는 사실은 더 이상 머리를 심플하게만 스타일링 할 필요가 없음을 의미한다. 액세서리를 고를 때 다음 몇 가지 중요한 팁들을 모아보았다.

• 액세서리가 단순히 머리 스타일을 장식하기 위함인가 아니면 머리를 고정시키기 위해 필요한가?
• 옷, 가방, 신발 색깔과 잘 어울리는 색을 고르자.
• 보석이 달린 액세서리는 보석이 조금 달린 것이 좋다. 만약 머리에 눈에 띄는 액세서리를 하고 싶다면 나머지 쥬얼리들의 색을 조금 어두운 톤으로 하거나 한 가지 톤으로 통일 시켜 주자.
• 머리띠, 리본과 같은 액세서리는 너무 학생처럼 보일 수 있으니 재질과 모양을 고를 때 신중해야 하며 본인의 스타일에 어울리는 것을 골라야 한다. 벨벳이나 화려한 것, 성숙미가 느껴지는 패턴들이 좋다.
• 뭔가 특이한 액세서리를 하고 나가기 전에 집에서 꼭 먼저 실험해 보자. 그냥 나갔다가 자신 없는 모습을 보이기 보다 낫다.

▲ 심플한 헤어스타일에 디아망테 스타일의 핀은 과하지도 않으면서 매우 잘 어울린다.

▲ 꽃은 언제나 환상적인 디자인이며 화려하면서도 재미있다.

▼ 보석 핀이라고 해서 꼭 클 필요는 없다. 작아도 머리에 얼마든지 아름답게 빛날 수 있다.

• 액세서리가 꼭 긴 머리에만 어울린다는 생각은 버리자. 집게 핀, 머리핀들도 짧은 머리에 잘 어울려 화려함을 더할 수 있다. 너무 과하지 않게 시작하는 방법이 가장 좋다.
• 머리에 빨리 변화를 주어야 한다면 집게 핀이나 머리핀을 이용해 올리거나 포니테일로 묶어보자.
• 왕관이나 머리띠는 긴 머리에 잘 어울리긴 하지만 적절한 위치도 중요하다. 이마 위에, 올림머리 위 또는 머리를 길게 풀어 내렸을 때 귀와 귀를 연결해 주는 라인 위쪽이 적합한 위치이다.
• 본인이 가지고 있는 다른 액세서리를 이용해도 좋다. 팔찌는 보비 핀을 사용하여 체인처럼 머리에 늘어뜨릴 수고 있고 브로치도 머리핀에 붙여서 사용할 수 있다. 또는 장식품에 철사를 달아 구부린 후 헤어핀이나 빗에 붙여도 된다.
• 막 감고 난 머리에 액세서리를 착용할 때, 너무 미끄러울 수 있다. 이 때 헤어스프레이를 뿌리거나 뿌리 쪽에 백콤을 약간 해주면 좋다.
• 무거운 액세서리는 떨어질 수 있으니 너무 과감한 것은 피한다.

◀ 액세서리가 머리를 고정하는데 필요한지 아니면 단순히 장식하기 위해 필요한지 고르기 전에 미리 생각해 놓는다.

Flowers

꽃으로 장식하기

결혼식 같은 특별한 행사가 있을 때 꽃은 매우 유용한 장식품이다. 하지만 요즘에는 꼭 생화가 아니더라도 멋진 조화도 많으니 꽃이 시들까 하는 걱정은 잊은 채 연출해보도록 하자.

1 큰 꽃을 옆에 붙이면 매우 부드러워 보이고 퍼머넌트머리와 잘 어울릴 것이다. 한쪽 머리를 옆으로 쓸어 넘겨주고 반대쪽 귀 위에 꽃을 꽂아준다.

2 고무줄에 조화 꽃을 붙여서 포니테일로 묶어주면 매우 눈에 띈다. 머리가 길수록 꽃이 커야 눈에 잘 보인다.

3 말아 올린 머리에 꽃을 붙여주면 매우 심플하면서도 효과적이다. 꽃을 위에서 약간 옆으로 비스듬히 달아주면 그냥 위에 붙인 것보다 훨씬 우아해 보인다.

4 아주 큰 꽃을 포니테일 머리에 붙여주면 매우 드라마틱해 보인다. 꽃이 클수록 헤어스타일과 옷은 더 심플해야 한다.

1

2

3

4

Hairgrips and hair slides 헤어핀

장식이 달린 헤어핀은 헤어스타일에 큰 변화를 주지 않아도 미묘하게 눈을 끌 수 있다. 헤어컬러와 옷에 잘 어울리는 색을 고르도록 한다.

1 심플하게 말아 올린 머리에 두 개의 헤어핀을 매치하면 특별한 행사 때 우아함을 자아낼 수 있다.

2 틀어 올린 퍼머넌트머리에 조개 모양의 집게 핀을 꽂으면 꼬아 말아 올린 부분을 강조할 수 있다.

3 장식이 많이 달린 화려한 핀은 예쁜 머리에 매력을 더해준다. 이 스타일은 결혼식 또는 특별한 행사에 잘 어울린다.

4 작고 예쁜 헤어핀(보비 핀)도 잘 사용하면 매우 예쁘다. 여기 조그맣게 빛나는 헤어핀은 헤어스타일에 완벽함을 더해준다.

1

2

3

4

Bows and ribbons 리본

리본 모양은 짧게 재단된 모양에서부터 넓게 퍼진 모양까지 다양하며 헤어핀이나 고무줄에 붙여서 사용할 수 있다. 또는 옷 색상과 어울리거나 대비되는 색을 골라 간단하게 리본을 만들어서 사용할 수 도 있다.

1 실크나 새틴(satin)으로 만든 리본으로 묶는 경우 미끄러워서 잘 풀릴 수 있으니 고무줄로 한 번 더 묶어 주자.

2 만들어진 리본을 사용하여 포니테일 머리로 묶으면 훨씬 더 단정해 보일 수 있다. 이 스타일은 공식적인 자리나 특별한 행사에 잘 어울린다.

3 머리를 길게 빼내어 리본으로 감아준 다음 느슨하게 리본으로 묶어주면 또 다른 느낌을 낼 수 있다.

4 리본에 장식을 달고 고무줄이나 머리핀에 붙이면 심플하고 단정한 스타일에 흥미를 더할 수 있다.

1

2

3

4

Scarves 스카프

스카프로 머리를 묶거나 또는 외투에 걸치면 세련미를 더할 수 있다. 심지어 머리를 빗지 않았을 때도 유용하게 사용할 수 있다. 스카프를 묶는 방법에는 여러 가지가 있는데 머리 전체를 뒤덮는 터번스타일, 헤어밴드, 또는 머리를 올리거나 포니테일 머리를 묶을 수도 있다.

1 작은 사각형의 스카프를 사용하여 포니테일로 묶은 머리나 올린 머리에 장식할 수 있다. 스카프를 반으로 접어 삼각형으로 만든 다음 올린 머리 주변으로 양 끝을 감싼다. 그 다음 위로 올려 묶어 준다.

2 네커치프 스타일(bandana-style)의 스카프를 머리에 두르면 모자를 대신해서 햇빛이나 바람으로부터 머리를 보호할 수 있다.

3 길지만 가벼운 스카프로 머리와 어깨 전체를 감싸준다. 머리 일부분은 보이도록 해서 부드러운 느낌을 주도록 한다.

4 스카프로 머리를 가리는 것이 필수인 문화권에서는 다양한 색과 패턴의 스카프를 사용할 수 있다.

1

2

3

4

Tie a headscarf

길거나 중간 길이 머리에 긴 스카프를 이용하여 묶으면 얼굴을 드러낼 수 있다. 다음은 스카프를 바르게 묶는 방법이다.

1 머리를 풀어 엉킨 곳이 없도록 잘 빗어주고 원하는 곳에 가르마를 타준다.

2 긴 스카프를 머리에 두르고 귀 뒤에서 넥타이를 맬 때와 같은 방식으로 묶는다.

3 매듭을 크게 만들 수도 있고 아니면 원하는 만큼 타이트하게 묶어도 좋다.

Stylist's note

부드러운 재질로 만든 스카프는 귀 뒤에서 묶어 고정하자.

Headbands

헤어밴드

헤어밴드를 하기는 쉽지만 풀기에는 그리 쉽지 않다. 헤어밴드를 잘못 사용하면 매우 유치해 보이고 예쁘지 않을 수 있다. 길거나 짧은 머리에는 앞머리를 올려 쓰거나 귀 근처의 머리를 조금 빼줄 수 있다. 너무 딱딱해 보이진 않도록 조심해야 한다. 정수리 쪽의 머리가 보이거나(60년대에는 뿌리부분을 백콤 해주어 세워주는 것이 유행했다) 양 옆의 머리를 자연스럽게 흘러내리게 하거나 또는 캐주얼하게 보이고 싶다면 앞머리를 내려 연출하면 되겠다.

1 넓은 헤어밴드는 이마를 가리도록 낮게 쓰고 뒷머리는 길게 내리면 부드러운 이미지를 연출할 수 있다. 이 스타일은 캐주얼하게 차려 입을 때 잘 어울리며 또는 해변이나 여행 갔을 때 머리가 흘러내리지 않게 하고 싶을 때도 유용하다.

2 폭이 좁으면서 깔끔한 머리띠를 올림머리에 쓰면 공식적인 자리에서 화려한 드레스와 잘 어울려 지적인 이미지를 낼 수 있다. 이 때 귀걸이는 반드시 심플해야 한다.

3 캐주얼하게 올린 머리에 벨벳, 실크 또는 새틴 재질로 만든 헤어밴드를 하면 공적인 자리에 어울리는 스타일을 연출할 수 있는데 이는 한층 업그레이드된 스타일을 연출하는 데 효과적이다. 동시에 이 스타일은 빠르고 쉽게 할 수 있기도 하다. 헤어밴드는 큰 액세서리와 잘 어울리는 무난한 색을 골라 세련미를 더할 수 있도록 하자.

1

2

3

Glossary of terms 용어 모음

이 책에서 소개된 헤어 스타일링을 할 때 사용할 수 있는 도구와 테크닉은 매우 다양하다. 전문적인 용어를 포함한 기본적인 설명들이다.

모낭 Anagen phase
모발이 시작하는 곳으로 2~6년 정도 유지된다.

드라이 Blow-drying
헤어 드라이기로 머리를 말리면 차분한 효과부터 볼륨과 텍스쳐를 넣는 효과까지 낼 수 있다.

드라이 로션/스타일링 크림 및 스프레이
Blow-dry lotions/styling cremes &sprays
머리에 먼저 바르고 헤어 드라이기로 말리면 머리에 볼륨이 들어가고 모발도 보호해 준다.

블런트 커팅 Blunt cutting
머리카락의 끝을 가위로 일직선으로 잘라 주는 컷을 말한다.

땋은 머리 Braids
콘로우(cornrows)와는 다르지만 머리를 얇게 땋아 머리에서부터 늘어트린 머리 모양이다.

브러시 Brushes
브러시는 머리 모양을 잡을 때 뿐만 아니라 엉킨 머리를 풀고 부드럽게 해줄 때 사용한다. 종류는 여러 가지가 있는데 납작한 모양, 반 둥근 모양, 패들 브러시, 공기 든 브러시(pneumatic brush), 구멍 뚫린 브러시(vent brush), 원통(circular) 또는 반 원통(radial)모양의 브러시, 드레싱(dressing-out) 브러시가 있다.

카타젠 단계 Catagen/transitional phase
머리가 자라는 두 번째 단계로 머리가 더 이상 자라지는 않지만 진피유두(dermal papilla)에서 활발하게 활동하는 시기이다. 이 머리는 3~4달 정도 유지된다.

화학제품의 사용 Chemical processing
미용실에서 전문 헤어 디자이너에게 받는 서비스로, 화학제품으로 모발의 모양을 바꾸는 방법이다. 퍼머넌트(perming, straightening)를 포함한 여러 테크닉을 말한다.

화학제품 릴렉싱하기 Chemical relaxing
특히 아프리칸 모발을 풀어줄 때 릴렉싱 제품을 사용하는데 모발의 구조를 바꿔 영구적으로 펴준다. 이 과정은 미용실에서 하도록 하자.

집게 핀 Clips
머리를 스타일링 하는 동안 머리를 고정시킬 때 또는 뒤로 묶을 때 사용할 수 있다. 집게 핀의 모양, 사이즈 색깔, 패턴은 매우 다양하며 그 중에서는 장신구가 달린 핀도 있다.

빗 Combs
머리를 스타일링 할 때 사용하고 넓은 크기, 중간 크기, 작은 크기 등 여러 크기가 있고 곱슬머리를 위한 아프리칸 모발 전용빗도 있다.

복합성 모발 Combination hair
흔한 모발 타입으로, 뿌리 부분은 지성이나 모발 끝은 건조해 갈라지는 타입이다.

컨디셔너 Conditioners
샴푸와 함께 사용하는 제품으로 종류가 다양하다. 따라서 자신의 모발에 맞는 제품을 골라 사용한다. 몇몇 제품은 매일 사용할 수 있는데 특히 모발이 건조하거나 손상되었을 때 집중적으로 사용하면 모발 문제를 해결할 수 있다.

모피질 Cortex
이 부분은 두피(cuticle) 아래 중간에 해당하는 부분으로 수질(medulla)을 둘러싸고 있다. 이는 세포와 같은 섬유질로 이루어져 있으며 모발에 힘을 주며 색소 멜라닌을 포함하고 있어 모발의 색깔을 정한다.

뻣뻣한 머리카락 Cowlick
이 현상은 헤어 라인 앞쪽에 머리카락이 뒤에서 앞으로 휘어 자랄 때 생긴다.

정수리 Crown
머리 맨 위 부분을 가리킨다.

아이론 퍼머넌트용 고데기 Crimping irons
이 전기 고데기는 머리에 아이론 퍼머넌트 효과를 내고 싶을 때 사용할 수 있다. 고데기 판 사이로 머리를 넣고 잠시 동안 잡아주면 아이론 컬이 생긴다.

컬 액티베이터 Curl activators
이 제품은 자연 곱슬머리가 더 탄력있고 활력있어 보이게 한다.

고데기 Curling tongs
머리에 웨이브나 컬을 넣을 때 사용한다. 열이 나는 원통에 머리를 감싸서 꽉 물린 후, 몇 초 정도 유지한다.

곱슬머리 Curly hair
자연 곱슬머리는 케라틴 세포가 모낭에 골고루 분포되지 않아 모발이 비스듬히 자라나는 현상이다. 모간에 고르게 분포되지 않은 케라틴 세포가 모발이 자라나기 시작할 때의 첫 방향과 다른 방향으로 자라게 해준다.

큐티클 Cuticle
모발의 가장 바깥층으로서 몇 겹의 비늘이 겹쳐져 보호막 역할을 한다.

반 영구 염색 Demi-permanent colour
모발의 상태를 바꾸기보다 색을 더하는 쪽에 가깝다. 염색은 20번 정도 머리를 감으면 없어진다.

진피 유두 Dermal papilla
모발이 살아있는 부분으로서 두피 아래 위치하며 모낭(follicle)이라고 부르기도 한다.

진피 Dermis : 피부의 과학용어이다.

쌍가마 Double crown
머리 위에 가마가 두 개 있는 경우를 가리킨다.

드래드락 Dreadlocks
머리를 여러 갈래로 나누어 꼬아 준 다음 땋은 머리로 이 머리는 영구적으로 지속될 수 있다.

머리 손질하기 Dressing hair
머리를 가지각색 모양으로 접고 묶고 감싸는 방법으로 하나의 예술이라 할 수 있다. 컷, 세팅, 화학제품을 사용한 머리손질은 포함되지 않으며 임시적으로 효과를 발휘할 수 있다. 또한 빗질하고 감는 과정도 모두 포함된다.

건성 모발
모발이 힘이 없고 쉽게 엉키며 건조한 모발 타입을 가리킨다. 원인은 모발에 충분한 수분이 없기 때문이다.

얼굴형
스타일, 컷, 모자를 고를 때 가장 중요하게 고려해야 할 사항이 바로 얼굴형이다. 얼굴형의 종류는 둥근형, 타원형, 각진 형, 하트모양, 직사각형이 있다.

두건 Fascinator
모자 대신에 머리에 쓸 수 있는 장신구로서 꽃이나 깃털 등으로 장식할 수 있다.

이마
헤어라인과 눈썹 사이 부분을 가리킨다.

젤
정교한 스타일링을 하고 싶을 때 사용하고, 머리 모양을 잡고 그 상태로 고정시킬 수 있다. 정전기와 부스스함을 없애고 컬 모양을 잘 잡아주며 열로 세팅 할 때도 사용할 수 있다. 액체 형태의 젤은 말랐을 때 머리가 미끈하게 보이는 효과를 준다.

그레듀에이션 Graduation
컷의 흔한 한 종류로서 머리 위쪽을 짧게 잘라내어 층을 내는 기법을 말한다.

기름기가 있는 모발 Greasy-looking hair
피지가 너무 과도하게 분비되어 기름이 생긴 모발이다. 이는 청소년기 또는 호르몬의 변화와도 관련이 있다.

흰머리 Grey or white hair
보통 노화가 되면서 생기는 현상인데 멜라닌 색소가 부족해지기 때문에 모발의 색이 변한다. 흰머리는 더 두꺼울 수 있으며 오염물질이나 화학물질을 더 잘 흡수하는 경향이 있다.

헤어라인
머리와 목 쪽에 모발이 자라기 시작하는 곳을 가리킨다.

헤어 컬러
자연 모발색은 멜라닌 색소의 결합에 의해 결정된다.

헤어드라이기
머리를 말리거나 세팅 할 때 매우 유용한 도구로 다양한 특징과 현대 기술이 부착된 제품이 많다. 바람이 세지는 않지만 핸드백에 들어가는 사이즈 또는 여행용 사이즈도 있다.

모간 Hair shaft
머리가 두피위로 자라나기 시작하는 부분으로서 눈에 보인다.

헤어 텍스쳐
인종, 자연 모발 색, 모발의 지름크기에 따라 텍스쳐 종류가 달라지는데 가는 모발, 중간 크기 모발 또는 두꺼운 모발 등으로 나눌 수 있다. 사람들은 대부분 여러 텍스쳐가 혼합돼 있다.

헤어스프레이
스타일링을 마무리 지을 때, 머리 모양을 고정시키거나 흩날리는 머리를 차분하게 할 수 있다. 백콤(back-combing)을 할 때 볼륨감도 넣어줄 수 있다.

열 보호 스프레이
이 제품은 열이나 열기구를 통해 모발이 손상되는 것을 방지해준다.

모발의 종류
자연 모발의 상태로서 건조할 수도 있고 부드러울 수도 있으며 또한 기름기가 많을 수도 있다. 모발의 종류를 나눌 때 보통이거나 건성, 지성, 복합성, 흰머리 등으로 나눌 수 있다.

하이라이트
미용실에서 호일이나 캡을 사용해 부분적으로 밝은 색을 입히는 과정을 말한다.

핫 브러시 Hot brushes
뿌리부분을 세우거나 컬, 웨이브를 넣을 때 사용할 수 있는 전자 제품으로서 뜨거운 브러시에 머리를 감을 때 보호할 수 있도록 세라믹이 입혀져 있다. 임시적으로 머리 모양이 지속되며 곧 없어진다.

핫 스틱 Hot sticks
롤러와 비슷한 것으로서 머리에 감싸기 전에 미리 열을 가한 다음 식을 때까지 놔둔다. 웨이브, 컬을 넣을 때 유용하다.

케라틴 Keratin
모발을 형성하는 단백질이다.

층 Layers
머리를 같은 길이로 가로로 자른 부분을 말한다.

로우라이트 Lowlights
하이라이트와는 반대로 모발의 몇몇 부분을 더 어두운 색으로 염색하는 것을 말한다. 이는 미용실 또는 집에서도 할 수 있다.

모수 Medulla
모발의 핵심 부분으로 케라틴으로 이루어져 있다.

무스 Mousse
이 제품은 머리 모양을 고정시키고 부스스함을 차분하게 해주며 뿌리 부분을 세울 때 사용할 수 있다. 무스의 용도는 다양하며 머리가 말랐을 때나 젖었을 때 모두 사용할 수 있다.

목덜미 Nape : 목과 머리가 만나는 곳이다.

중건성 모발 Normal hair
이 종류의 모발은 지성도 아니고 건성도 아니며 자연 상태 그대로 남는다.

후두골 Occipital bone
머리 뒤쪽에서 가장 많이 돌출된 부분이다.

일자 단발머리 One-length bob
페이지 보이(pageboy)라고도 불리는 이 머리 스타일은 머리가 같은 길이로 내려오는 것을 말하는데 보통 어깨 근처까지 내려온다.

일자 컷 One-length cut
같은 길이로 똑같이 잘라주는 스타일인데 길든 짧든 길이가 같다면 일자 컷이라고 한다.

영구 염색 Permanent coulour
감아도 없어지지 않는 화학적 작용을 이용한 염색법으로 색을 영구적으로 바꾸어 놓는다.

퍼머넌트 Perming
퍼머넌트는 다양하게 웨이브 컬을 넣는 기술이다. 퍼머넌트는 산화, 알칼리, 또는 열을 이용하는지에 따라 결과가 다르다. 퍼머넌트의 종류는 바디 펌(body perms), 루트 펌(root perms), 핀 컬 펌(pin curl perms), 스택 펌(stack perms), 스파이럴 펌(spiral perms), 위브 펌(weave perms)이 있다.

pH
이 표시는 제품에 포함된 산성과 알칼리성의 레벨을 나타내주는 기호로 1~14까지 표시된다. 샴푸마다 용도에 따라 pH 레벨이 다르다.

핀 Pins
머리를 올리거나 뒤로 틀어 올릴 때, 잔머리를 고정할 때 사용하는 도구로, 용도는 매우 다양하고 보이지 않게 머리 안쪽에 감출 수 있다. 핀이 고정되는 세기에 따라 여러 종류가 있다.

포인트 컷 Point cutting
가위를 세워서 컷하는 방식으로 직선 라인에 모양을 내준다.

레이저 컷 Razor cutting
가위 대신 면도기(razor)를 사용하는 방식으로 머리에 생동감과 부드러움을 주고 싶을 때, 머리끝을 가늘게 하고 싶을 때 사용한다.

모발 개선 제품 Restructurants
모발의 상태를 복구시키거나 생머리를 펴고 싶을 때 사용하고, 피질(cortex)에 흡수되어 특히 손상된 모발을 관리할 때 많은 도움이 된다.

스펀지 롤 Rods or shapers
이는 구부러지는 튜브 모양의 기구로서 머리를 감아 말아 놓은 뒤 놔두면 세팅이 된다.

롤러 Rollers
머리에 컬 또는 웨이브를 넣고 싶을 때 사용할 수 있는데 롤러로 머리를 말아준 다음 집게 핀으로 고정시키고 열을 가하면 세팅이 된다. 또는 따로 열을 가하지 않아도 자동적으로 열이 가해지는 타입의 롤러도 있다.

라운드 레이어드 컷 Round-layered cut
프렌치 단발머리로도 불리는 이 컷은 컷의 가장 기본적인 스타일로서 둥글게 레이어를 넣어주는 타입이다.

두피 Scalp
머리의 표면을 덮는 피부를 두피라 한다.

피지선 Sebaceous glands
이는 피질(dermis) 부분에 있는 것으로서 모낭과 연결되어 있으며 피지를 분비하는 곳이다.

피지 Sebum
왁스와 지방을 포함한 일종의 기름인데 모간을 코팅하여 모발을 보호해주며 윤기가 흐르도록 해준다.

세미 염색 Semi-permanent colour
색을 모발에 입히는 것으로 색을 밝게 하거나 어둡게 할 수 있다. 이 효과는 12~20번 정도 머리를 감으면 없어진다.

세럼 / 글로서 / 폴리셔 / 샤인 스프레이
이 제품들은 머리에 윤기와 부드러움을 더해주고 싶을 때 사용할 수 있다. 머리의 부스스함과 정전기를 없애 주며 갈라진 머리카락의 모양도 보완해 준다.

세팅
열을 이용해 임시로 웨이브 컬을 넣는 방식을 세팅이라 한다.

샴푸
많은 종류의 제품이 있긴 하지만 기본적으로 모든 샴푸는 머리를 감을 때 더러운 물질과 기름을 없애주는 역할을 한다. 몇몇 제품은 비듬, 지성 모발과 같은 문제를 해결해 주기도 한다. 킬레이트 화학물질이 들어가거나 정제된 샴푸는 모발에 남은 미네랄을 없애주거나 제품의 효능이 더 좋아질 수 있도록 해준다.

쉐터 컷 Shattered cut
이 컷은 머리끝을 지그재그의 형태로 자르는 스타일로 볼륨과 부드러움을 더해줄 수 있다.

피부 테스트 Skin test
염색하기 전에 염색약을 피부에 적어도 48시간 동안 바른 다음 테스트해 보는 것을 말한다.

슬라이드 컷 Slide cutting
머리의 라인을 건드리지 않고 부피감을 없애주는 컷으로 머리가 부드러워 보이는 효과를 낼 수 있다.

스내깅 Snagging
머리를 끌어당긴 채 끝만 빗어 주는 동작을 가리키는 것으로 빗질하면서 머리가 끊어지지 않게 해준다.

스퀘어 레이어드 컷 Square-layered cut
때로는 박스 또는 그레듀에이션 컷이라고 불리는데 레이어드 컷과 그레듀에이션을 결합시킨 형태의 컷 스타일이다. 머리를 뒤로 넘길 때 사각형이 된다.

생머리 Straight hair
케라틴 세포가 피질과 모간에 골고루 분포 될 때 머리는 생머리가 된다.

가발 Temporary hair
가발을 쓰거나 포니테일, 앞머리를 붙이기도 하며 또는 앞머리가 없는 가발을 사용하기도 한다. 또한 가발의 종류도 많아 다양한 효과를 낼 수 있다.

머리 숱 치기 Thinning
가위나 면도기를 사용해 머리의 부피감을 없애주는 방법을 말한다.

볼륨마이저 Volumizers/thickeners
스타일링 하기 전, 젖은 머리에 발라주면 얇고 생기 없는 머리를 보완해 줄 수 있다.

왁스 / 포메이드 / 크림
Waxes, pomades, creams
머리를 고정시킬 때 사용하는 제품으로 특히 머리를 올릴 때, 잔머리를 없애줄 때 사용하면 좋다.

위도즈 피크 Widow's peak
V형 헤어라인을 가리키는 말로 이마가 보통 위에 위치한다.

Acknowledgements 감사의 글

Thank you to Goldwell & KMS California for supplying styling products and arranging their partner hairdressers and for the use of the Goldwell Academ n Mayfair. Particular thanks for help and support to:

- William Wilson - Head of Creative Direction(Golwell & KMS)
- SarahClohessy - marketing Director(Golwell & KMS)
- Samantha Field – PR & Marketing (Goldwell & KMS)

The Publisher and Nicky Pope would also like to thank the following for their hard work during the photoshoots or for supplying equipment:

Hairdressing team

- Mo Nabbach at M&M Hair Academy, London
- Margaret Nabbach at M&M Hair Academy, London
- Rachel Hurley, Educator at The Goldwell Academy, London
- Kelly Stone at Elements, Bishops Stortford
- Michael Barnes at Michael Barnes Hairdressing, Covent Garden
- Amanda Brooke at Hair Associates, Taunton
- Claire Cole at Hair Associates, Kingston-upon-Thames
- Angie Mitchell at Desmond Murray Hairdressing, Covent Garden
- Ross Dilanda at Scully Scully, Godalming

Styling

- Clothes supplied and models dressed by Bernard Connolly, clothes stylist

Make-up

- Tracey Wilmot
- Liz Arimoro
- Linda Andersson

Hair appliances and tools

- All hair appliances and some tools and equipment supplied by BaByliss Pro (www.babyliss.co.uk)

Accessories

- Hair extensions by American Dream (www.americandreamextensions.com)
- Hair ornaments and accessories supplied by Johnny Loves Rosie (www.johnnylovesrosie.co.uk)

Hats and headpieces

- Philip Somerville
- Philip Treacy
- Chanel
- Dior

Picture Credits

All pictures © Anness Publishing Ltd, apart from the following:
t = top; b = bottom; r = right; l = left; c = centre

Babyliss 31bc, 96, 97, 98bc, 99tl, 100, 101.
Balmain Extensions (Hair by Steven Goldsworthy, Balmain Global Ambassador and Jason Smith, Artistic Director; photography by Jim Crone; make-up by Lucy Pook; styling by Bernard Connolly.)
75 (4), 76 (9), 86 (8, 9, 10 & 11), 87 (14, 15, 16 & 17).
Corbis 11tl (Visuals Unlimited/Corbis), 11tr (Visuals Unlimited/Corbis), 24bl (Jerome Tisne/Corbis), 97tl (Rick Gomez/Corbis).
Cyndy Hay (Hair by Cyndy Hay, Haze@ no. 10; photography by James Rudland; make-up by Mel.) 58 (20 & 21), 85 (7).
Hatstand Nelly (Hair by Lorraine Watson and Jan Lippe; photography by Jim Crone; make-up by Lucy Pook; styling by Bernard Connolly; hair extensions supplied by Balmain.) 58 (22), 61 (33), 63 (39).
Headquarters (Hair by Headquarters artistic team; photography by Jim Crone; make-up by Lucy Pook; styling by Bernard Connolly.) 59 (23), 62 (37).
iStockphoto 6 (Quavondo Nguyen), 9bl & 15tr (Stephanie Swartz), 9bc & 22bl (Viorika Prikhodko), 9br & 27b (Alexey Tkachenko), 12bl (Jaroslaw Wojcik), 12br (Luca di Filippo), 13 (Andrea Laurita), 14bl, 14tr, 14br (Vasiliki Varvaki), 15tl (K. Govorushchenko), 15tc (Elke Dennis), 16bl (Ross Elmi), 16bc (Jacob Wackerhausen), 17tl (Diane Diederich), 18bc (Dragan Trifunovic), 19bl (Ana Abejon), 19tr (Christine Glade), 20bc (Michael Courtney), 20br (Jim Jurica), 21tc, 23tl, 24br, 26bl (Georgina Palmer), 26tr (Paul Cowan), 28tr (Zsolt Biczó), 28br (Ron Hohenhaus), 29br (Quavondo

Nguyen], 30 [Andrey Yakovlev], 31tl [Graça Victoria], 31tr [Tommy Ingberg], 33bl & 42 [Hadrian Kubasiewicz], 33bc & 38 [Matjaz Boncina], 33br & 48 [Ira Bachinskaya], 34t [Chris Bernard], 35 [Jacom Stephens], 36t [Rudolf Kotulán], 37t, 38 [Matjaz Boncina], 39tc [Eliza Snow], 39tr [Andrea Gingerich], 41tl [Ivan Mateev], 41tr [Anna Bryukhanova], 41cr, 43t, 43bl [Josh Webb], 43br [Christine Glade], 44 [Jacob Wackerhausen], 45tl [Martina Ebel], 45tr [Santino Ambrogio], 45br, 46 [Izabela Habur], 47tl [Gunther Beck], 47tr [Phil Date], 48tl [Ira Bachinskaya], 48tr [G. Powers], 49bl [S. Robertson], 49tr [Snyder], 50bl, 50br, 51tr [R. Elmi], 51bc [F. Romero], 51br, 62 [36] [K. Govorushchenko], 64 [2] [Q. Nguyen], 65 [4] [O. Ekaterincheva], 65 [6] [E. Ogan], 68 [19] [Q. Nguyen], 68 [20, 21 & 22] [K. Govorushchenko], 69 [22] [D. Tulchevska], 69 [23] [K. Kruse], 68 [19] [Q. Nguyen], 68 [20, 21 & 22] [K. Govorushchenko], 69 [22] [D. Tulchevska], 69 [23] [K. Kruse], 69 [24] [Q. Nguyen], 69 [25] [K. Kruse], 70 [26, 27, 28, 29, 30 & 31] [K. Govorushchenko], 71 [32] [L. Banks], 71 [33] [F. Camhi], 71 [34] [S. Starus], 71 [35] [J. Horrocks], 73 [37] [J. C. Justice Jr.], 73 [38] [L. Dodz], 73 [40], 75 [3] [K. Govorushchenko], 77 [12] [M. Honeycutt], 77 [13] [N. Vaclavova], 77 [16] [Q. Nguyen], 77 [17] [K. Govorushchenko], 78 [19] [J. Trenchard], 78 [20] [I. Kurhan], 79 [22] [K. Govorushchenko], 79 [23] [D. Pepin], 79 [24] [F. Backx], 79 [25] [K. Govorushchenko], 80 [26] [A. Ozerova], 80 [27 & 28] [K. Govorushchenko], 80 [29] [V. Casarsa], 82 [35 & 39] [Q. Nguyen], 82 [36] [V. Vitaly], 82 [38] [R. Christensen], 83 [40] [Q. Nguyen], 88 [18] [K. Govorushchenko], 88 [19] [M. Rzymanek] 88 [20] [F. Backx], 91 [29 & 30] [L. Dodz], 92 [31], 93 [35 & 38] [K. Govorushchenko], 93 [36] [P. Piebinga], 93 [37] [T. Marvin], 93 [40] [Q. Nguyen], 93 [38] [F. Backx], 96 tr [S. Hogge], 98bl [N. Siverina], 98br [C. Baldini], 98tc [A. Balcazar], 98tr, 99tc [V. Anyakin], 99bl [L. Gagne], 99br [E. Bonzami], 102, 103t [K. Deprey], 103b, 104bl, 104tr, 105 [L. Williams], 238 [1], 238 [2] [S. Radosavljevic], 238 [3] [P. Han], 238 [4] [P. Hakimata], 240bl, 240bc [T. England], 240tc [J. Fontanella], 240tcr [M. Baysan], 243 [2] [A. Bryukhanova], 244 [2] [K. Govorushchenko], 244 [3], 244 [4] [P. Hakimata], 245 [1] [S. Radosavljevic], 245 [2] [J. Horrocks], 245 [3] [K. Govorushchenko].

Jo Hansford Collection
57 [14], 61 [30], 67 [13], 69 [24], 77 [15], 76 [10 & 11].

Johnny Loves Rosie 240ct, 240tr.

Karine Jackson [Hair by Karine Jackson; photography by Andrew O'Toole; make-up by Margaret Aston; styling by Emma Cotterill.] 55 [8], 62 [34], 75 [7], 85 [2 & 6], 87 [12 & 13], 88 [20].

KJM Salons [Hair by Kerry Mather and the creative team at KJM Salons; photography by Jim Crone; make-up by Valerie Ferreria and Lucy Pook; styling by Cora Chung and Bernard Connolly; hair extensions supplied by Balmain.] 54 [2], 55 [3 & 5], 57 [18], 65 [5], 85 [5].

Michael Barnes [Hair by Michael Barnes for The Goldwell Academy; photography by Kyoko Homma; make-up by Sabrina Ziomi.] 55 [4], 58 [19], 61 [31], 62 [35], 66 [9], 75 [6], 76 [8], 81 [30, 32 & 33].

Pat Wood for Affinage [Hair by Pat Wood for Affinage; photography by David Howard; make-up by Nora Nona; styling by Robie Spencer.] 53 [right], 57 [17], 64 [1], 67 [16], 89 [21, 22 & 23].

Rae Palmer [Hair by Rae Palmer for Rae Palmer Hairdressing; photography by Ben Cook for TIGI; make-up by Amelia Pruen for TIGI; styling by Puschka and Jiv.] 56 [11], 60 [26], 63 [40], 65 [7 & 8], 67 [17], 72 [36], 73 [39], 81 [33], 92 [32, 33 & 34].

The Colour Room [Hair by Sean and James Tetlow; photography by Trevor Leighton and Jim Crone; make-up by Chase Aston, Cheryl Phelps-Gardiner, Ali Betts and Carol Wilson; styling by Peter Breen, Desiree Lederer and Charlotte Inghram.] 53 [left and centre], 54 [1], 55 [6 & 7], 56 [9, 10 & 12], 60 [24, 27 & 28], 64 [2], 66 [10, 11 & 12], 67 [14, 15 & 18], 75 [2 & 5], 78 [18 & 21], 84 [1], 85 [3], 88 [18], 89 [24].

The Hair Advice Centre
57 [15], 74 [1].

Webster Whiteman [Darren and Lisa at Webster Whiteman.] 57 [13 & 16], 60 [25 & 29], 61 [32], 63 [38], 65 [3], 69 [22], 77 [14], 82 [34 & 37], 85 [4], 90 [25 & 26], 91 [27 & 28].

Index

【ㅂ】

【ㅅ】

【ㅇ】